普通高等学校"十四五"规划
电子信息类专业特色教材

Anti-Ballistic Missile Early Warning Radar Detection Technology

反导预警雷达探测技术

刘俊凯　高　婷　吕金建　　编　著

陈建文　　主　审

华中科技大学出版社
http://press.hust.edu.cn
中国·武汉

内容简介

本书结合国内外反导预警雷达发展现状，系统讲述了弹道导弹目标探测、参数测量、抗干扰，目标识别、跟踪处理与显控等方面的基础知识，涵盖了反导预警雷达系统组成和工作流程、雷达方程、弹道导弹目标检测、弹道导弹目标的测量及识别等关键技术。本书既可作为重要参考书引，又重视知识的系统性、原理性和实用性，讲述深入浅出，力求对读者有所帮助，为更好地掌握反导预警雷达的基本原理、工作方式提供帮助。本书可供从事反导预警雷达及其目标探测的工程技术人员参考，也可作为相关高校反导领域或电子工程相关专业师生作为教材和辅助用书。

图书在版编目(CIP)数据

反导预警雷达探测技术/刘佳和，高峰，马金铎等著. —武汉：华中科技大学出版社，2023.1
ISBN 978-7-5680-8972-2

Ⅰ.①反… Ⅱ.①刘… ②高… ③马… Ⅲ.①反导弹系统—预警雷达—雷达探测 Ⅳ.①TN959.1

中国版本图书馆 CIP 数据核字(2022)第 238096 号

反导预警雷达探测技术　　　　　　　　　　刘佳和　高峰　马金铎　等著
Fandao Yujing Leida Tance Jishu

策划编辑：王汉江
责任编辑：王汉江
封面设计：秦　茹
责任监印：周治超

出版发行：华中科技大学出版社(中国·武汉)　　　电话：(027)81321913
武汉市东湖新技术开发区华工科技园　　邮编：430223

录　排：武汉市洪山区佳年华文印部
印　刷：武汉市籍缘印刷厂
开　本：787mm×1092mm　1/16
印　张：13.5
字　数：337千字
版　次：2023年1月第1版第1次印刷
定　价：58.00元

本书若有印装质量问题，请向出版社营销中心调换
全国免费服务热线：400-6679-118　竭诚为您服务
版权所有　侵权必究

前言

随着弹道导弹及其突防技术快速发展,反导预警雷达探测技术面临严峻挑战。本书重点论述弹道导弹突防场景下目标探测关键技术,包括目标检测、抗主瓣干扰、群目标跟踪、弹道预报、资源优化调度、弹道目标综合识别等技术的功能、原理和处理流程,同时,面向未来,介绍反导预警雷达探测的新知识、新技术。

本书共6章。第1章为绪论,从弹道导弹突防措施、预警体系协同探测等需求出发,介绍国外典型的反导预警雷达系统、反导预警雷达探测技术面临的挑战和技术发展趋势等,建立反导预警雷达探测技术的整体概念。第2章为反导预警雷达系统基础知识,介绍反导预警雷达技术体制发展概况、性能指标、系统组成与信号流程、雷达距离方程等,增强学生对反导预警雷达系统及其主要分系统的了解,培养全局观和理论联系实际的科技素养。第3章为信号处理,主要介绍信号处理、目标检测、参数测量、抗干扰等技术的功能和原理,通过学习,掌握反导预警雷达信号处理的功能和流程,了解先进信号处理技术在雷达中的应用情况。第4章为数据处理,主要介绍反导预警雷达数据处理系统的特点,以及多目标跟踪、弹道预报等技术的概念、流程,通过学习,了解数据处理系统的组成和功能。第5章为资源调度与管理,主要介绍资源调度与管理的概念和功能、搜索资源管理方法、跟踪资源管理方法和任务调度方法,通过学习,掌握搜索屏设置方法,以及搜索时间、跟踪目标数目的计算方法,了解反导预警雷达的控制器和控制流程,为作战运用打下基础。第6章为目标识别,重点介绍常用弹道导弹目标特征提取技术、分类器技术、关键事件判别技术、目标综合识别技术，以及目标识别效果评估技术的基本原理，通过学习，掌握常用的弹道导弹目标特征的物理意义，理解综合识别的方法和流程。全书结构完整，概念准确，理论联系实际，适合初学者和科研人员掌握反导预警雷达原理和工作过程。

刘俊凯、吕金建设计了撰写纲目，刘俊凯编写全书，吕金建修订了第3章内容，高婷修订了第6章内容。

本书由陈建文教授主审，刘涛、陈辉、朱新国、金宏斌、孟藏珍、江晶、欧阳琰、李健兵、马梁、任明秋、刘建勋、石斌斌、黄晓斌、王树文等专家和老师提出了宝贵的修改意见。刘俊凯有幸参与王永良院士负责的"空天预警领域信息技术发展研究"等咨询课题和项目，与王永良院士、邵银波等多次讨论使编者准确把握了弹道导弹目标探测面临的挑战、反导预警雷达探测技术发展趋势等关键内容，书中引用了相关研究成果。从讲义编印到教材出版的5年时间里，相关专业学生给予了极大的理解、宽容和支持，教师与学生的课堂时光共同见证了教材乃至学科的发展进步。在此对所有帮助本书编写的专家、老师、学生和工作人员表示衷心感谢！特别感谢华中科技大学出版社对本书高质量出版的大力支持。

本书得到国家自然科学基金重点项目（No.62231026）、相关建设项目和预研项目的支持。

限于作者水平，书中难免存在不当之处，敬请读者批评指正。

刘俊凯

2022 年 12 月于空军预警学院

CONTENTS

目 录

第1章

绪论

弹道导弹射程远、速度快、高度高、打击精度高，而且可采用多种突防措施，已成为现代战争中强大的战略战役进攻武器。随着弹道导弹技术的不断发展及世界地缘安全形势日益复杂，弹道导弹目标探测已受到世界上军事强国的极大关注，反导预警系统对于维护国家安全和进行预警反击行动的重要性愈发凸显[1][2]。

弹道导弹目标探测是指，使用雷达和红外等多种手段，对来袭弹道导弹实施早期发现、连续跟踪、弹道预报、目标识别，引导反导拦截系统对其进行拦截，并完成拦截效果评估。反导预警雷达主要为指挥机构提供弹道导弹来袭告警和雷达探测信息，也可兼负空中目标预警、外层空间目标监视任务，平时主要用于对他国弹道导弹试验发射动态实施监视，为己方搜集技术情报。

绪论部分主要概述国外典型的反导预警雷达系统、弹道导弹及其突防措施、反导预警雷达探测技术面临的挑战和技术发展趋势等知识。

1.1 美俄典型的反导预警雷达装备简介

雷达探测技术涉及装备采用的技术和领域前沿技术，雷达探测技术最终要应用于雷达装备或推动雷达装备的发展。本章首先介绍美俄典型雷达装备，从而形成对雷达探测技术体系的感性认识。

● 1.1.1 美国典型的反导预警雷达装备

在美国的战略预警体系中,雷达广泛使用,雷达技术快速发展,推动建成了20世纪50年代的三条防空雷达预警线、60年代的"弹道导弹预警系统"和80年代的大型相控阵雷达系统。雷达在导弹防御系统中具有重要地位,弹道导弹防御系统(Ballistic Missile Defense System,BMDS)必须在短时间内探测到导弹的发射,跟踪来袭弹道导弹并测量弹道参数,识别出真假目标,然后发射拦截弹进行拦截并判断拦截的结果。以美国陆基中段防御系统(见图1-1)为例,陆基中段防御系统是一个由传感器、拦截器、指控中心组成的全球一体化反导网络,传感器包括天基预警卫星、"丹麦眼镜蛇"雷达、改进型预警雷达(Upgraded Early Warning Radar,UEWR)、海基X波段雷达(Sea-Based X-Band Radar,SBX)、舰载SPY-1雷达等,20世纪80年代部署的大型相控阵雷达至今仍在进行硬件和软件的更新[3]。

图 1-1　陆基中段防御系统示意图

美国正在研制远程识别雷达(Long Range Discrimination Radar,LRDR)、防空反导雷达(Air and Missile Defense Radar,AMDR)、基于氮化镓(GaN)的新型爱国者雷达,在关键技术突破、实验演示验证等方面取得成果,正在面向实战,优化反导预警体系,通过多手段融合提高反干扰和目标识别能力[2],并通过在海外部署地基雷达、发展可前置部署的空基、海基装备,以及发展反导预警卫星延长预警时间,开始具备真实作战场景下的反导能力。

1.1.1.1 改进型预警雷达

UHF 波段远程预警相控阵雷达,是工作在 300～1000 MHz 频段内,用于对中远程弹道导弹和飞行器实施远程预警的大型相控阵雷达,有时可指 P 波段远程预警相控阵雷达。

1980 年 4 月,第一部"铺路爪"相控阵雷达 AN/FPS-115 在马萨诸塞州科德角空军基地具备作战能力,截至 1992 年美国共建设了 6 部"铺路爪"相控阵雷达。1995 年 9 月 30 日,美国决定关闭封存位于罗宾斯和埃尔多拉多空军基地的两部"铺路爪"相控阵雷达。1998 年埃尔多拉多空军基地退役的"铺路爪"相控阵雷达被搬到阿拉斯加州克里尔空军基地。

20 世纪 90 年代至 2009 年,为适应国家导弹防御系统(National Missile Defense System,NMD)的需要,对 5 部"铺路爪"雷达进行了硬件和软件升级改造,采用新的计算机和信号处理器,以及当时先进的商业软件和雷声公司定制硬件,运用美国弹道防御局的先进算法,更新后的雷达称为改进型预警雷达(UEWR),外观和天线阵列分别如图 1-2(a)、(b)所示。

UEWR 拥有更强的目标探测能力、目标跟踪能力、电子对抗能力和初步的目标识别能力,提高了雷达实现多功能和多任务的可靠性和有效性,能对来袭弹道导弹进行早期探测和精确跟踪,提供综合战术预警和攻击评估。UEWR 能探测几千千米以外的弹道导弹目标,可在弹道导弹飞行中段早期截获目标,为战略预警赢得时间,此外,它还兼顾战略轰炸机及隐身飞机搜索跟踪、临近空间目标搜索跟踪、中低轨空间目标探测监视。

UEWR 的探测范围示意图如图 1-3 所示。

部署位置分别为:英国菲林代尔斯(Fylingdales,England),代号为 AN/FPS-132;格陵兰图勒空军基地(Thule,GreenLand),代号为 AN/FPS-132;阿拉斯加州克里尔空军站

(a)雷达外观

图 1-2 UEWR 外观和天线阵列

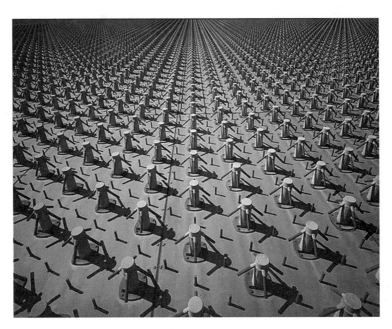

（b）天线阵列

续图 1-2

图 1-3 UEWR 的探测范围示意图

(Clear, Alaska)，代号为 AN/FPS-123，这三部雷达选择的朝向是为了探测洲际弹道导弹
的发射。马萨诸塞州科德角空军站(Cape Cod, Massachusetts)，代号为 AN/FPS-123；加
利福尼亚州比尔空军基地(Beale, California)，代号为 AN/FPS-132，这两部雷达的部署主
要是为了探测潜射导弹的发射。

"铺路爪"相控阵雷达和 UEWR 性能参数如表 1-1 所示。

表 1-1 "铺路爪"相控阵雷达和 UEWR 性能参数

参 数	"铺路爪"相控阵雷达	UEWR(AN/FPS-132)
搜索距离($\sigma=10\ m^2$)	5000 km	7900 km
方位覆盖范围	±60°(每个阵面)	±60°(每个阵面)
俯仰覆盖范围	3°~85°	3°~85°
工作频率	420~450 MHz	420~450 MHz
峰值功率(单面阵)	684 kW	1164.8 kW
平均功率(单面阵)	255 kW	435 kW
天线阵直径	25.6 m	32 m
每阵面总单元数	2677	5354
有源单元数	1792	3584
无源单元数	885	1770
阵列子阵数	56	112
每子阵单元数	32	32
天线阵倾角	20°	20°
天线波束宽度	2.2°	1.5°
天线增益	38.4 dB	41 dB
瞬时带宽	300~600 kHz(搜索模式) 5~10 MHz(跟踪模式)	≤30 MHz
径向分辨力	150 m	5 m

1.1.1.2 "丹麦眼镜蛇"雷达

"丹麦眼镜蛇"(Cobra Dane)雷达 AN/FPS-108 是一部工作在 L 波段的大型相控阵雷达,它的外观如图 1-4 所示。

图 1-4 丹麦眼镜蛇雷达外观

1973 年美国国防部与 Raytheon(雷声)公司签订了 3960 万美元的合同,1977 年整个雷达系统投入运行,1990 年与雷声公司签订了现代化计划合同,改进后的系统于 1994 年投入运行,部署在阿留申群岛的美国谢米亚空军基地,其用途是探测和跟踪洲际弹道导弹、潜射弹道导弹和卫星,替代了两部旧的情报雷达 AN/FPS-17 和 AN/FPS-80,目前它承担的主要任务是空间碎片观察。

雷达系统主要有相控阵天线、发射机、控制分系统、波束控制器、接收机/波形产生器、信号处理器和专用计算机组成。丹麦眼镜蛇雷达性能参数如表 1-2 所示。

表 1-2 "丹麦眼镜蛇"雷达性能参数

参　　数	数　　值
最大作用距离	导弹探测:3700 km 卫星跟踪:135～46000 km
方位覆盖范围	120°,259°～19°(窄带),297°～341°(宽带)
俯仰覆盖范围	0.6°～80°
工作频率范围	1215～1250 MHz(窄带) 1175～1375 MHz(宽带)
峰值功率	15.4 MW
平均功率	1 MW
天线尺寸	圆形阵,直 28.5 m
极化形式	垂直极化
阵面单元数	34768
有源单元数	15360
无源单元数	19408
天线波束宽度	0.48°
天线增益	52 dB

1.1.1.3 导弹测量船载"朱迪眼镜蛇"雷达

导弹测量船又称导弹跟踪与航天测量船,第二次世界大战结束后,美国先后装备 20 余艘,现役导弹测量船共 5 艘,最新型号为"洛伦岑"号导弹测量船,如图 1-5 所示。

1981 年,美国导弹测量船"观察岛"号搭载"朱迪眼镜蛇"雷达系统服役,包括 S 波段相控阵雷达和 X 波段抛物面天线雷达,如图 1-6 所示。雷达系统的作用是,支持美国导弹和空间研究与开发活动,监视与搜集外国弹道导弹和航天项目试验情况,为检查武器控制条约执行情况服务,为美国导弹开发与战区导弹防御系统测试服务。S 波段相控阵雷达采用多种功能的发射信号波形,可以进行宽带和窄带数据收集,完成对弹道导弹目标的搜索、检测、跟踪、分类和识别等功能。X 波段抛物面天线雷达可以从 S 波段相控阵雷达的观测目标中,对人工指定的目标进行宽带数据搜集。

图 1-5　美国导弹测量船"洛伦岑"号

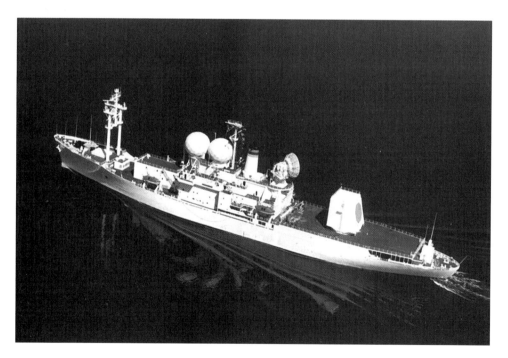

图 1-6　美国导弹测量船"观察岛"号

"朱迪眼镜蛇"雷达系统性能参数如表 1-3 所示。

表 1-3 "朱迪眼镜蛇"雷达系统性能参数

参　　数	S 波段雷达	X 波段雷达
天线	相控阵天线,天线单元数目 12288 个	抛物面天线
方位覆盖范围	±22.5°	
俯仰覆盖范围	±22.5°	
天线阵直径	8.37 m	9.144 m
发射机	由 16 部宽带行波管(TWT)功率放大器组成,每部发射机负责一个由 768 个单元构成的子天线阵的馈电	行波管(TWT)功率放大器

1.1.4.4 地基 X 波段雷达

受工作频率和带宽的限制,UEWR 难以从诱饵和碎片中分辨出真弹头,这项能力由地、海基 X 波段雷达、萨德系统的 AN/TPY-2 雷达和正在部署的远程识别雷达(LRDR)提供[7]。

多功能地基相控阵雷达能够在反导系统远程预警情报支援下,用于搜索、截获、跟踪和识别弹道导弹,并引导拦截弹交战和进行杀伤效果评估。

地基 X 波段雷达是一部用于美国国家导弹防御系统的 X 波段雷达样机,称为 GBR-P,安装在西太平洋夸贾林导弹试验靶场,已经完成多次导弹拦截试验,其探测距离约 2000 km。

雷达主要由天线、电子设备、冷却设备和控制中心等部分组成,该雷达天线阵面尺寸为 12 m,有效口径 105 m²,装在一个最大口径为 26 m 的天线罩内,可以采用机械转动方式来控制雷达天线方向,GBR-P 雷达外观如图 1-7 所示,雷达性能参数表如表1-4 所示。

（a）雷达外观

（b）天线罩内天线外观

图 1-7 GBR-P 雷达外观

表 1-4 GBR-P 雷达性能参数表

参　　数	数　　值
频率范围	8.85~10.15 GHz
探测距离	2000 km
阵面方位调整范围	±178°

续表

参　数	数　值
阵面俯仰调整范围	0°～90°
电扫描范围	±25°
阵面平均功率	35 kW
方位、俯仰波束宽度	0.14°
最宽带宽	1.3 GHz
天线直径	12.5 m
有效孔径面积	105 m²
T/R 组件数	16896

1.1.1.5　海基 X 波段雷达

美国于 2002 年开始研制海基 X 波段雷达(Sea-Based X-Band Radar,SBX),2006 年 3 月建成投入使用,主要用于导弹防御试验,以阿拉斯加州的埃达克岛作为永久基地,成员编制为 75 名。SBX 雷达安装在一个由挪威设计、俄罗斯制造的双船体半潜式海底石油钻探平台上,排水量为 5 万吨。除 SBX 雷达外,浮动平台还装配有一体化战斗指挥控制和通信系统、数字通信终端、辅助通信系统、发电站和其他雷达系统基础设施,整个雷达系统耗资 9 亿美元。SBX 雷达系统能够在海面上航行,航速约 13 km/h。SBX 雷达外观如图 1-8 所示。

（a）航行中的雷达

图 1-8　SBX 雷达外观

9

（b）吊装中的雷达

续图 1-8

SBX 雷达是目前世界上最大的 X 波段相控阵雷达，是地基中段防御系统的主要组成部分，由美国波音公司和雷声公司联合研制，主要用于根据天基预警系统和远程预警雷达提供的预警信息在预定区域进行搜索，对来袭弹道导弹目标进行精密跟踪、目标识别，引导地基拦截弹碰撞目标，对拦截结果进行评估，向指挥中心实时传输信息。SBX 雷达操控室如图 1-9 所示。

图 1-9　SBX 雷达操控室

目前,SBX 雷达只用于参与导弹防御的试验验证和有限作战,在地基中段防御系统中的实用性和可靠性不足。SBX 雷达性能参数如表 1-5 所示。

表 1-5 SBX 雷达性能参数表

参　数	数　值
频率范围	8.85～10.15 GHz
探测距离	4000 km
阵面方位调整范围	±178°
阵面俯仰调整范围	0°～90°
电扫描范围	±25°
阵面峰值功率	810 kW
阵面平均功率	170 kW
方位、俯仰波束宽度	0.1°
径向速度分辨率	0.15 m/s
脉冲重复频率	30～1200 Hz
窄带宽	1 MHz
中带宽	10 MHz
宽带宽	1～1.3 GHz
天线直径	22 m
T/R 组件数	81000
T/R 组件峰值功率	10 W
T/R 组件平均功率	2.1 W
天线增益	60 dB

1.1.1.6 "萨德"系统的机动型多功能地基雷达

机动型多功能地基相控阵雷达 AN/TPY-2 是美国萨德——末段高空区域防御(Terminal High-Altitude Area Defense,THAAD)系统的配套雷达,具备前沿预警模式和反导作战模式,即可作为萨德系统的火控雷达,也可被空运到世界各地,作为美国弹道导弹防御体系的前置部署雷达。萨德反导系统运行示意图如图 1-10 所示,AN/TPY-2 相控阵雷达外观如图 1-11 所示。

目前美国拥有 12 部可前置部署的 X 波段雷达 AN/TPY-2,位于日本青森县车力基地、日本中部经之岬基地、韩国星州、美国阿拉斯加州朱诺基地、土耳其中部、以色列内格夫沙漠和卡塔尔等处,用于执行弹道导弹预警任务,具有独立搜索、捕获、跟踪和识别中远程弹道导弹能力,对 RCS 为 $0.1 \ m^2$ 的目标,作用距离大于 1000 km。

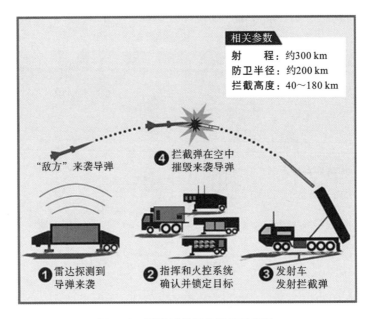

图 1-10 萨德反导系统运行示意图

图 1-11 AN/TPY-2 相控阵雷达外观

AN/TPY-2 使用了与地基雷达样机(GBR-P)、海基 X 波段雷达相类似的 T/R 组件，并采用更加紧密的排布方式，使得该雷达具有更大的视场角并能胜任多种任务。AN/TPY-2 的性能参数如表 1-6 所示。

表 1-6 AN/TPY-2 雷达的性能参数表

参　数	数　值
工作频率	8~12 GHz
作用距离	1125 km(0.1 m²)
电扫范围	±53°
有效孔径	宽 4.9 m,高 2 m
T/R 组件数	25344
天线增益	48.8 dB
方位波束宽度	0.4°
俯仰波束宽度	0.9°
阵面峰值功率	480 kW
平均功率	81 kW

1.1.1.7 "宙斯盾"舰载相控阵雷达

美国宙斯盾系统,其全称为"全自动作战指挥与武器控制系统",是美国海基拦截系统的一个重要组成部分。雷达系统主要由 AN/SPY-1 雷达和 MK-99 型火控雷达系统组成,其中 AN/SPY-1 雷达能完成全空域快速搜索、自动目标探测和多目标跟踪,原本设计用来执行防空任务,升级后具备反导能力。

当前,美军拥有"宙斯盾"巡洋舰和驱逐舰共 84 艘,在多个型号中,装有 AN/SPY-1D 多功能雷达的"宙斯盾"舰具备反导能力,有 33 艘。针对导弹目标,可同时监视 100 个来袭目标,能自动跟踪其中 18 个目标。AN/SPY-1D 增加了复杂的编码波形,提高了在杂波环境和电子干扰条件下探测低空、小 RCS 目标的能力,使用合成宽带信号进行宽带处理,可以精确测量目标特性,大大提供了距离和多普勒分辨率。AN/SPY-1 雷达具有四个阵面,如图 1-12 所示,它的性能参数表如表 1-7 所示。

图 1-12 "宙斯盾"舰载 AN/SPY-1 雷达

表 1-7　AN/SPY-1 雷达的性能参数表

参　　数	数　　值
工作频率	S 波段，3.1～3.5 GHz
作用距离	740 km(1 m²)
方位范围	360°(四个阵面)
方位波束宽度	1.8°
俯仰波束宽度	1.8°
天线增益	42 dB
阵面峰值功率	290 kW
天线直径(八面形)	高 4.06 m，宽 3.94 m
T/R 组件数	4350

　　美国通过将舰载"宙斯盾"系统进行整体移植，按照陆基部署要求进行改进，形成陆基"宙斯盾"系统，部署在夏威夷考艾岛，主要用于反导试验，并在 2016 年和 2018 年分别部署于罗马尼亚和波兰。美国在罗马尼亚部署的陆基宙斯盾设施如图 1-13 所示。

图 1-13　美国在罗马尼亚部署的陆基宙斯盾设施

1.1.1.8　下一代舰载防空反导雷达

　　防空反导雷达(AMDR)是世界上第一部具备一体化防空反导能力的舰载双波段多功能有源相控阵雷达，可完成来袭导弹和空中目标的远程预警探测、跟踪识别、拦截引导与毁伤评估全流程，而且具备潜望镜探测、对陆远程攻击辅助、电子防护、气象预测、导航等多种功能。完整版包括一部四面阵 S 波段雷达、一部三面阵 X 波段雷达及一部雷达控制器(Radar Suite Controller，RSC)，其中，S 波段雷达负责远程对空对海搜索跟踪、弹道导弹防御、支援对陆攻击等,X 波段雷达用于精确跟踪、导弹末端照射、潜望镜探测和导航等,雷达控制器负责提供雷达资源管理,协调与宙斯盾作战系统的交互关系。

多波段雷达由两个及以上不同波段的雷达和一个雷达控制器组成,通过一个雷达控制器对不同波段的雷达进行系统资源及工作方式调度,雷达控制器为各雷达提供接口,协调和管理不同的雷达,使多波段雷达作为一个整体,从而保证雷达在搜索、跟踪、识别和制导等不同任务中快速转换,替代多部雷达。在防空反导雷达应用中,美国 AMDR 通过优化设计多波段雷达的雷达控制器,将多波段雷达综合集成,根据多功能要求优化设计发射波形,提高系统资源利用率和环境适应性,对工作在多个波段的雷达进行数据融合,取长补短,从而有助于获得更可靠的信息,提升探测能力与综合作战效能。

AMDR 将构成美国海军今后 40 年的主力舰载雷达装备,采用了多项先进技术,如同时执行防空反导任务、基于氮化镓(GaN)半导体技术的收发组件(Transmitting Receiving Module,TR 组件)、宽带数字波束形成技术等。美国海军计划采购 22 部 AN/SPY-6 (V)下一代舰载防空反导雷达,据说其搜索能力是现役 SPY-1D 雷达的 30 倍,并大大提高了探测距离(可达 $800 \sim 1000$ km)、同时跟踪目标数、同时制导的飞行中导弹数量,故具有更强的抗饱和攻击能力。

AMDR 首先装备 DDG -51"阿利·伯克"级防空反导驱逐舰,如图 1-14 所示,将大幅提升美国海军单舰自防御与区域防御、舰-机、舰-舰协同与多任务作战能力,支撑航母作战体系的驱逐舰护卫舰编成。此外,该雷达的一体化防空反导能力设计、双波段雷达的作战协同与资源高度共用,将引领全球舰载雷达设计的潮流。

（a）AMDR雷达工作场景

图 1-14　"阿利·伯克"级驱逐舰的 AMDR 雷达

（b）安装在夏威夷考艾岛美国海军太平洋导弹靶场的AN/SPY-6（V）

续图 1-14

1.1.1.9 远程识别雷达

目标识别一直是困扰反导,特别是地基中段防御的难题之一。远程识别雷达（LRDR）是由洛克希德·马丁公司开发的一种大型地基 S 波段有源相控阵雷达,耗资超13 亿美元,最远探测距离为 5000 km。利用先进的数字阵列和宽带信号处理技术,能够快速捕获、跟踪多个导弹目标,并完成弹头和诱饵的分类识别,负责远程预警、精密跟踪、目标识别、拦截制导与毁伤评估,用于改善美国弹道导弹防御系统的识别能力,解决目前地基中段防御系统长期以来无法准确识别来袭弹头和诱饵不足的问题。与 P 波段远程预警雷达和 X 波段精密跟踪与识别雷达相比,LRDR 能提供同时搜索、跟踪和识别多目标的能力,而且更多的波段有助于反导预警体系提高抗弹载主瓣干扰能力。2021 年 6 月LRDR 部署于美国阿拉斯加州克里尔空军基地,目前正在进行系统集成评估,使其具备态势感知、指挥控制、信息传输等全面作战能力。远程识别雷达的外观如图 1-15 所示,主要包括天线阵面、设备室、任务控制设施、电站等部分,天线阵面边长约 18.3 m。

LRDR 采用了双极化、氮化镓（GaN）器件技术和开放式软件架构等重要支撑技术,具有更优的探测和识别能力,能提供更可靠的目标情报,使地基拦截弹能更准确地打击正确的目标[1]。

采用双极化测量体制,交替发射和接收水平和垂直的极化脉冲,从而能获取目标形

图 1-15 远程识别雷达外观

状方面的详细信息,提升识别能力。

GaN 器件技术能在降低雷达孔径的同时,实现更大的探测范围和更优的预警能力。相比上一代的砷化镓器件,GaN 器件具有高功率、高效率和宽带宽的特征,采用 GaN 技术能降低收发组件的生产成本,提供更宽的工作频带、更高的功率、更快的处理速度、更好的导热性和导电性及更高的效率,在较高的工作温度下仍能保证较好的技术指标,减少对功率与冷却系统的需求,更加可靠耐用,支持更多功能和应用。当前,美国空军研究实验室与 BAE 系统公司正合作开展新一代半导体计划,共同开发下一代短栅氮化镓半导体技术,该技术对雷达、通信、电子战等武器装备的性能提升至关重要。我国完全自主的 GaN 器件已经广泛应用于新体制雷达,相关技术处于世界前列。

LRDR 搭建了开放式软件架构,所采用的软件能利用新型硬件的相关特性,允许采用第三方编写的符合通用标准的软件模块,从而通过利用企业、实验室和政府机构的算法来实现先进的探测识别能力。这种即插即用的方法易于实现快速升级,将使 LRDR 能持续有效地应对不断变化的威胁和新兴对抗措施。

● 1.1.2 俄罗斯典型的反导预警雷达装备

与美国采取陆基、海基多系统拦截不同,俄罗斯根据其大陆型国家的特点,主要发展 A-235、C-400 和 C-500 等少而精的导弹防御系统。并且,将更多的财力和精力投入到发展战略预警能力方面,从而确保其对敌对国家的实时监控状态,一旦出现战略威胁就可以立即发动战略反击,可以使用包括白杨-M在内的攻击性战略弹道导弹,这种战略预警加攻击性战略弹道导弹的组合具有巨大的威胁性。

从苏联时期到俄罗斯时期,多种型号、不同工作波段、不同威力范围的远程预警雷达被研制出来,确保对来袭目标的及早发现与告警。陆基远程预警雷达主要包括2部第一代"第聂伯河"系列雷达、1部第二代"达里亚尔"雷达、1部"伏尔加"雷达和8部第三代"沃罗涅日"系列雷达。此外,A-235莫斯科反导系统中的"顿河-2N"多功能雷达也可执行导弹预警任务。大型相控阵雷达的主要任务是进行洲际弹道导弹预警及空间目标监视,保障以首都莫斯科为核心的国家重要目标免遭导弹空袭,为拦截系统提供战略预警情报,探测距离为2800～6000 km,预警时间为5～30 min。据报道,俄罗斯将进一步升级、替换地面老旧预警雷达,并加速发展天基预警卫星,研制新型高机动式/舰载反导雷达,以弥补机动预警能力不足,形成天基、地基、海基相结合的战略反导预警系统。

1.1.2.1 苏联时期雷达

20世纪60年代,苏联开始装备第一代弹道导弹预警雷达——"第聂斯特"雷达,工作频率为150 MHz,对RCS为1 m^2 的目标发现距离可达3000 km。1974年在"第聂斯特-M"基础上开发了"第聂伯河"雷达,工作频率为150 MHz,峰值功率为10 MW,对RCS为1 m^2 的目标发现距离为6000 km,"第聂伯河"雷达外观如图1-16所示。

图1-16 "第聂伯河"雷达外观

1975年,莫斯科明茨无线电技术研究所开始研制达里亚尔雷达,工作在UHF波段(150～200 MHz),对RCS为0.1 m^2 的目标,其发现距离为6000 km,可进行方位向和仰角向电扫描,同时跟踪处理20个目标,工作寿命为10年。发射天线面积为30 m×40 m,有1260个振子,接收天线面积为80 m×80 m,有4048个交叉振子,发射天线和接收天线相隔1.5 km,发射功率为2 MW。第二代弹道导弹预警雷达——"达里亚尔"雷达及其改进型雷

达共建造 7 部,目前仅余在西伯利亚和阿塞拜疆的 2 部。位于阿塞拜疆边境地区加巴拉的
"达里亚尔"雷达外观如图 1-17 所示。2003 年,位于哈萨克斯坦的"达里亚尔"雷达站,设备
高温故障,导致大火(见图 1-18),可见国家稳定、经济繁荣对增强军事实力的重要性。

图 1-17　"达里亚尔"雷达外观

图 1-18　"达里亚尔"雷达站火灾现场

20 世纪 80 年代初,苏联提出统一周边预警雷达网的分阶段计划,以提高抗干扰能力和生存能力。之后建设的达里亚尔-Y 和达里亚尔-YM 等改进型雷达,对雷达的控制增强很多,比如:在搜索和跟踪方式中进行信号划分,实现了辐射能量的最优分配,并提高了距离分辨率;接收相控阵中实现了自适应方式,提高了雷达的抗干扰能力;采用 M-13 多处理器计算机较大地提高了计算速度,能够实现信号数字化处理。远程无线电通信研究所研制了"伏尔加"雷达,它可在米波段和分米波段上工作,既是通用接收阵地,又是标准发射阵地,收发分置,发射天线与接收天线相距 3 km,以实现多基地雷达组网,可发现 4800 km 远的弹道导弹目标。单个基地的"伏尔加"雷达外观如图 1-19 所示。

图 1-19 "伏尔加"雷达外观

1.1.2.2 "顿河-2N"雷达

2009 年,俄罗斯完成了顿河-2H 雷达的改进,称为顿河-2N。"顿河-2N"雷达是 A-235 反导系统中的制导雷达,可对多批来袭弹道导弹实施跟踪、识别和制导,部署于莫斯科普希金诺地区,代号为 5H20。

顿河-2N 工作于 C 波段(5.6 GHz),对洲际弹道导弹弹头目标的探测距离为 3700 km,对空间目标的探测距离为 40000 km,可对多批来袭弹道导弹目标实施跟踪、识别,对拦截弹进行制导。天线的窄波束宽度为 0.6°,宽波束宽度为 1.5°~2°。建筑外形为四面体截锥,顶部每边宽 90 m,底部每边宽 135 m,高 45 m,每个阵面有 10 m×10 m 的正方形发射阵面和直径为 16 m 的圆形接收阵面,发射阵面后部有 72 个发射模块。"顿河-2N"雷达外观如图 1-20 所示。

1.1.2.3 "沃罗涅日"系列雷达

2000 年以来,为了弥补战略反导预警能力的不足,俄罗斯开展研制"沃罗涅日"雷达,截至 2021 年,8 部"沃罗涅日"雷达已在圣彼得堡、加里宁格勒、伊尔库茨克、克拉斯诺达尔、克拉斯诺亚斯克、阿尔泰、奥伦堡和科米共和国等地部署,摩尔曼斯克和塞瓦斯托波

（a）建筑外形　　　　　　　　　　　　　　（b）72个发射模块

图 1-20　"顿河-2N"雷达外观

尔的 2 部"沃罗涅日"雷达正在建设中，已构建起覆盖全境的战略反导预警雷达探测网，可对覆盖范围内的导弹发射提供持续监视。俄罗斯持续进行装备更新，推进前沿部署，提升反导预警覆盖范围。

"沃罗涅日"雷达是俄罗斯自主研发的第三代大型固态有源相控阵雷达，是俄罗斯现役导弹预警雷达网中的骨干装备。该系列雷达采用先进的模块化开放式体系结构，由 23 套不同装备系统组成，需 18～24 个月可完成雷达站的建设，具有降低研制成本、缩短建造时间、快速部署、易于维护、方便现代化改造等优势，值班人数约 15 人。随着具有多次变轨能力的高超声速打击武器的出现，俄罗斯将改进现役"沃罗涅日"雷达的目标检测、跟踪算法，扩大雷达能够处理的轨迹范围，扩展雷达的作战对象范围[2]。

"沃罗涅日"系列雷达包括米波段"沃罗涅日-M"雷达及其改进型"沃罗涅日-VP"雷达、分米波段"沃罗涅日-DM"雷达和厘米波段"沃罗涅日-SM"雷达等 4 种型号，发射功率为 0.7～10 MW，作用距离为 2500～6000 km。"沃罗涅日"系列雷达外观如图1-21 所示。

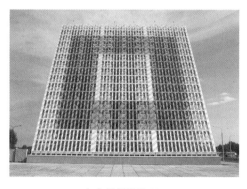

（a）沃罗涅日-M　　　　　　　　　　　　　（b）沃罗涅日-VP

图 1-21　"沃罗涅日"系列雷达外观

（c）双面阵沃罗涅日-DM　　　　　　　（d）单面阵沃罗涅日-DM

续图 1-21

1.2　弹道导弹及其突防措施

随着导弹防御系统和导弹系统的攻防对抗进入全面对抗阶段，弹道导弹及其突防措施不断发展，这些都会给反导预警雷达提出了更多更高的新要求。

● 1.2.1　弹道导弹飞行过程

弹道目标是在火箭发动机推力作用下按预定程序飞行，当发动机熄火后按自由抛物体轨迹飞行的空中目标。弹道导弹的典型结构示意图如图 1-22 所示。

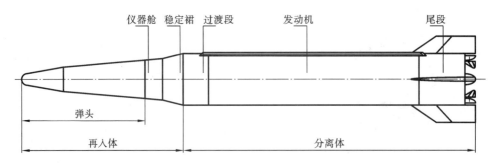

图 1-22　弹道导弹的典型结构示意图

弹道导弹按射程可分为洲际弹道导弹、中远程弹道导弹、中程弹道导弹、中近程弹道导弹和近程弹道导弹五大类，如表 1-8 所示。美苏的《中导条约》（简称）进行限制的是包括射程 500～5500 km 的弹道导弹。按射程不同，弹道导弹飞行时间通常为几分钟至几十分钟。

表 1-8　不同射程弹道导弹分类

分　类	射程（国际通行惯例）/km	射程（美国划分法）/km
洲际弹道导弹	＞8000	＞5500
中远程弹道导弹	3000～8000	2700～5500
中程弹道导弹	1000～3000	1100～2700
中近程弹道导弹	500～1000	500～1100
近程弹道导弹	＜500	＜500

根据弹道导弹从发射点到落点运动过程中的受力情况及控制任务的不同,可将弹道分为助推段、中段和再入段。弹道导弹飞行全程目标演变示意图如图 1-23 所示。

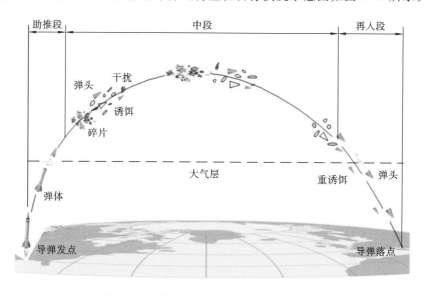

图 1-23　弹道导弹飞行全程目标演变示意图

在助推段,导弹点火升空,助推器和维持发动机处于工作状态,各级助推器依次分离,随着燃料消耗和级间分离,导弹的质量逐渐减小,导弹处于变加速状态。对多级弹道导弹,加速度在级间分离时刻会有一个较为显著的变化。一般以关机点作为助推段和中段弹道分界点。关机点状态包括关机时的速度、弹道倾角、地心距、飞行高度、飞行距离和飞行时间等,通过控制关机点,可以控制导弹射程、弹道形状和运动状态,进行特定的高弹道或低弹道选择,并提高打击精度。

中段是弹道导弹介于助推段和再入段之间的飞行阶段。弹道导弹在助推火箭分离后,主要受地球引力和大气阻力的共同作用,地球引力和大气阻力可以比较准确地建模。一般情况下,在中段忽略大气阻力,近似认为仅受地球引力作用,弹道导弹在中段的运动满足相应开普勒定律,即开普勒第一定律,导弹绕地心做椭圆运动,地心位于椭圆一个焦点上;以及开普勒第二定律,即相等时间内,地心与导弹连线在椭圆轨道范围内扫过的椭圆区域面积相等。需要说明的是,随着精确控制及突防手段的应用,导弹在中段受控的情况越来越多。弹道目标在中段的飞行是一个平面运动,其运动轨迹位于速度矢量与地球引力矢量所决定的平面内,该平面又称为弹道平面。该特点可用于对抗电子干扰,减少虚假航迹。

再入段开始于战斗部或有效载荷重返大气层,结束于战斗部或有效载荷引爆,释放出子弹药。弹头高速进入大气层后,大气阻力逐渐大于地球引力的影响,做剧烈的减速运动,同时引起导弹强烈的气动加热。

1.2.2 弹道导弹突防措施

导弹防御系统和导弹系统的攻防对抗是一对相互促进、竞争发展的矛与盾。一体化、多层次导弹防御系统的发展与部署,刺激了导弹系统突防措施快速发展,攻防对抗进入全面对抗阶段[3][4]。在弹道导弹预警探测方面,实际上是弹道导弹所采取的各种以电子战为主的突防措施与弹道导弹防御系统中以光电、雷达为主的探测、跟踪、识别系统之间的斗争。总的来说,经过数十年的发展,为使弹头突破导弹防御系统,弹道导弹的精确打击能力、机动突防能力、生存能力越来越强,战术使用越来越灵活多样,使得反导防御更加困难。

弹道导弹突防技术和突防战术二者相辅相成,在导弹突防中共同发挥作用。突防措施的应用可以减少导弹进攻数量,并降低敌方拦截的效率,给导弹防御系统带来了严峻的考验。

弹道导弹突防技术可以简单地定义为弹道导弹突破导弹防御系统所采取的技术措施。突防技术已成为军事强国新一代弹道导弹的基本设计要素,应用已经从战略弹道导弹发展到战术弹道导弹。民兵Ⅲ的MK12A再入弹头示意图如图1-24所示。突防技术分为反探测突防技术和反拦截突防技术,主要包括隐身、释放诱饵、弹体碎片、有源电子干扰、释放箔条、多弹头分导、机动变轨、速燃助推、导弹加固、红外干扰等[5]。此外,还有很多处于试验中的导弹突防前沿技术(即智能＋突防技术),如精确突防技术、末制导技术、智能机动变轨技术、智能隐身技术、集群协同突防技术等[6]。

图 1-24　民兵Ⅲ的 MK12A 再入弹头示意图

在中段初期,弹道导弹会释放诱饵、干扰机等突防手段,当弹道导弹到达最高点前,所有有效载荷释放完毕,同时可将弹体炸成碎片。

弹头隐身是各国优先发展的技术,也是采用其他突防措施的基础,其目的是尽量减小弹头的雷达截面积(Radar Cross Section,RCS)和红外辐射特性,减小被雷达和红外传感器发现的概率,降低弹头的可探测性,弹头隐身后距离缩减示意图如图 1-25 所示。

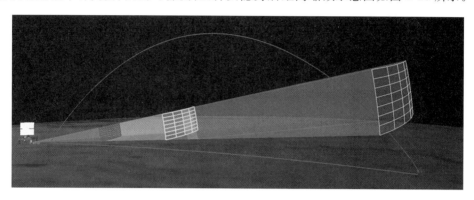

图 1-25　弹头隐身后距离缩减示意图

由雷达方程可知,雷达探测距离 R_0 的四次方与雷达截面积 σ_0 成正比,即

$$R_0^4 = k\sigma_0, \quad k \text{ 为常数} \tag{1.1}$$

当目标 RCS 降低 $1 \sim 2$ 个数量级时,则可使雷达的有效探测距离相应降低 $40\% \sim 70\%$,如式(1.3)所示,雷达可能探测不到弹道目标。缩减弹头 RCS 的技术手段主要有弹头外形隐身设计、涂敷吸波材料、弹头姿态控制等。此外,还应合理谨慎地使用干扰机、诱饵、弹头姿态控制等突防技术,否则将增大 RCS。

$$\frac{R_1^4}{R_0^4} = \frac{\sigma_1}{\sigma_0} \Rightarrow R_1 = \left(\frac{\sigma_1}{\sigma_0}\right)^{1/4} R_0 \tag{1.2}$$

$$R_1 = (0.1)^{1/4} R_0 = 56.23\% \cdot R_0, \quad R_1 = (0.01)^{1/4} R_0 = 31.63\% \cdot R_0 \tag{1.3}$$

诱饵是迷惑敌方雷达以掩护真弹头突防的假目标,弹头搭载诱饵主要包括轻诱饵、重诱饵、包络球等。包络球示意图如图 1-26 所示。

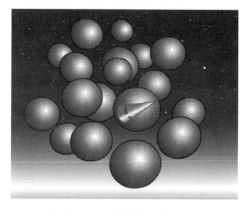

图 1-26　包络球示意图

诱饵释放的方法是在适当时机、适当高度抛出假弹头，逐步散开并伴随弹头飞行，形成多个假目标群，并将真实弹头藏于诱饵中，使雷达难辨真假或使其达到饱和状态。轻诱饵主要是充气式锥体、球体等不同尺寸、外形的制品，利用了内部残存的气体，释放至真空环境后迅速膨胀成型，产生与弹头 RCS 相近的雷达目标散射特性。制成轻诱饵的原材料是经过金属化处理的塑料薄膜，按照要求的尺寸剪裁，用黏合剂黏结成所需的产品外形，预留所需要的残余气体后，折叠并密封在诱饵释放装置中。轻诱饵的主要特点是质量小、体积小、数量大（几十个甚至上百个）、易制和价廉，但再入大气层时会被过滤掉。重诱饵，也称再入诱饵，是质量较大的金属制品，每个约重 10 kg，再入大气层时能够继续伴随弹头飞行。重诱饵要适应再入大气层时的气动力和气动加热，以及由此引起的再入物理环境的要求，还要模拟弹头再入段的质阻比特性。包络球实际上是一种弹头的伪装技术，将弹头放进一个表面镀金属的薄膜气球中，形成弹头包络球，同大量空包络球一起释放。由于雷达电磁波不能穿过包络球的金属镀层，所以雷达将无法确定哪个包络球里装有弹头，从而包络球达到了欺骗雷达的目的。

弹体碎片可能包括炸碎的助推火箭、炸碎的母舱，以及各种螺栓和弹簧部件等，其分离释放示意图如图 1-27 所示。在头体分离后，用横推小火箭将助推器推离弹头，同时采用定向爆炸的方式将其分解为多个碎片，并使其与弹头具有相似的雷达散射特性，并使分解后的碎片有一个合理的空间区域分布，那么可将弹体碎片充当诱饵。

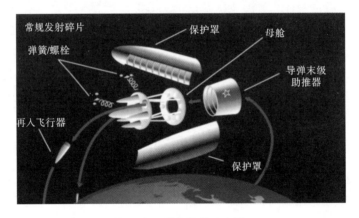

图 1-27　分离释放示意图

有源电子干扰是目前极为重要的突防手段。在导弹突防过程中，在弹头附近释放多个不同波段的雷达干扰机，与弹头伴飞，干扰机通过发射或转发电磁信号对雷达进行压制或欺骗干扰，削弱或破坏雷达探测和跟踪目标的能力。由于弹头与干扰机距离较近，会造成主瓣干扰，也就是说，干扰信号会从雷达接收天线主瓣进入，干扰信号就能获得和弹头目标回波信号相同的天线增益，进入雷达接收机的干扰信号功率大幅增加，引起信干比急剧下降，对后续信号处理造成困难。

在导弹中段飞行过程中，在释放诱饵或子弹头的同时，突防舱可以释放一组箔条，每组箔条形成一个箔条云团，把子弹头隐藏在箔条云团内，使其不易检测和识别。为了对付宽波段雷达，需要采用各种长度的箔条。由于箔条云中箔条偶极子的数目众多,弹头目标的雷达回波淹没在箔条云的雷达回波中,这样就使雷达难以及时发现弹头的存在。

多弹头分导是指,母舱和/或子弹头带有控制系统,可在不同时机分别释放出子弹头,用于打击多个不同的地面目标。目前各国战略弹道导弹大多为多弹头分导导弹,分导弹头一般在3~10枚,采用多弹头分导技术的战略弹道导弹具有突防能力强、打击目标多、费效比低等特点。三叉戟弹道导弹及其分导式多弹头如图1-28所示。

（a）发射中的三叉戟　　　　　　　　　（b）分导式多弹头

图1-28　三叉戟弹道导弹及其分导式多弹头

机动变轨就是改变导弹飞行轨道,使探测系统无法预测和跟踪来袭弹头目标的弹道,并使拦截系统无法拦截,包括全弹道变轨和再入机动变轨等方法。为了实现机动变轨,母舱和弹头需要带有制导系统、姿控系统和动力能源系统。美、苏军事强国早在20世纪60年代便着手进行机动式弹头的研究,早已达到工程应用阶段。

红外预警卫星主要是利用导弹尾焰的红外辐射来探测处于助推段的导弹。美、俄等国家一直致力于研制速燃助推技术,即采用大推力速燃发动机,缩短导弹助推段发动机工作时间,并使其在大气层内关机。采用速燃助推技术,有助于降低导弹尾焰的红外辐射,增大红外预警卫星发现和定位导弹的难度,从而增强了导弹主动段的突防能力。

拦截弹弹头直接碰撞或爆炸时所发生的大量高能破片、电磁辐射等可在较大范围内破坏、摧毁来袭导弹或其电子器件。为提高弹道导弹突防中的抗摧毁能力,需对导弹弹体、弹头及弹上电子器件进行抗摧毁加固。

为了提高突防效能,通常综合利用多种突防技术措施,比如母舱释放出各种轻、重诱饵,有源干扰机或箔条,在完成任务后,爆破以形成大量的碎片,伴随弹头飞行,构成了复杂的目标群[5]。美国民兵Ⅲ导弹为提高其突防能力,采用了分导式多弹头、诱饵装置、箔条、高空机动变轨和抗核加固等突防技术。民兵Ⅲ导弹MK12弹头突防系统工作过程如图1-29所示。美国三叉戟Ⅱ和俄罗斯"白杨-M"导弹采用了新型大推力速燃火箭、高空机动变轨、压低弹道、在临近空间滑翔飞行、抗核加固、雷达和红外隐身等突防技术。印

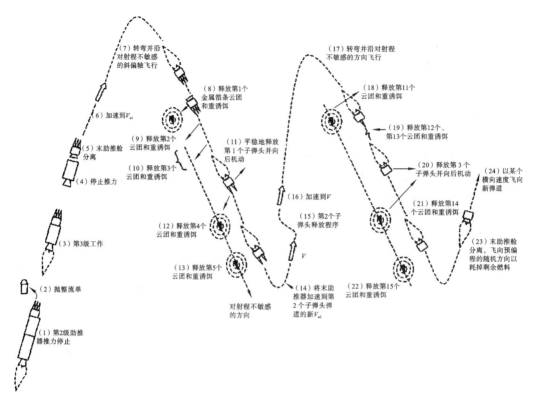

图 1-29　民兵Ⅲ导弹 MK12 弹头突防系统工作过程

度的烈火Ⅲ型导弹采用了隐身、分导式多弹头、复杂诱饵、有源电子干扰等突防技术。

从导弹系统作战使用与战术运用的角度出发,可以采取突防装置作战使用筹划、集火突击、多弹道高低搭配、选择有利弹道、选择有利发射时机、选择最佳发射点、机动发射平台、对导弹发射装备和发射活动进行伪装、反辐射导弹摧毁等突防战术。

集火突击是弹道导弹最有效的突防方式,在集火突击突防方式下,多枚导弹齐发,多干扰机协同干扰,当导弹的数量达到一定值时,就会使导弹防御系统的跟踪、识别和火控能力饱和,形成饱和攻击。此外,在集火突击突防方式下,还可以采取多波次连续攻击的方式发射,或者采取高、中、低不同的弹道发射,或者多点发射,扩大弹道导弹目标的分布空间。而且,在弹道导弹助推器分离、诱饵释放、母舱爆炸等过程中,还会产生大量伴飞物,使目标的空间分布态势更加复杂。

1.3　反导预警雷达目标探测面临的威胁和挑战

多样化目标威胁、复杂战场环境和多元化作战任务对雷达系统提出了更高的性能要求,有力推动了雷达装备和技术的发展。而且,随着威胁和挑战加剧,复杂战场环境下弹道导弹目标探测、多样化目标同时探测、预警体系协同探测、预警拦截一体化等探测需求越来越复杂,对雷达技术的要求越来越高。

● 1.3.1　多样化目标威胁

反导预警雷达的主要探测对象是弹道导弹,同时可兼顾临近空间高超声速飞行器、X-37B 空天飞机、隐身飞机等目标探测,平时其主要用于探测航天器和太空垃圾。现代战争中,反导预警雷达往往需要同时探测各种威胁的目标,如弹道导弹、空中飞机、巡航导弹、无人飞机、临近空间高超声速飞行器等目标,尽早发现与稳定跟踪各类威胁目标是其本质要求。

弹道导弹突防技术不断发展,如机动变轨、多频谱隐身、多弹头分导、诱饵、有源电子干扰、箔条等,能够降低预警探测系统的探测和识别性能,并消耗系统有限资源,使其无法获取真实弹头的精确位置信息。美国退出《中导条约》(简称),将大量研发制造中程导弹,大幅压缩了我国防御空间和反应时间,反导预警探测将面临弹道导弹"集火突击"的挑战。特别地,美军正加快实施的中近程弹道导弹计划大多具备高超声速飞行特征,突防性能更加先进。

2019 年美国发布《联合核作战条令》(图 1-30),积极规划下一代战略威慑武器的发展,强调保持并扩大核优势。"陆基战略威慑"(GBSD)系统计划于 2029—2036 年间开始正式服役,全面提升美军现有以民兵Ⅲ为代表的战略导弹武器的作战威慑能力。

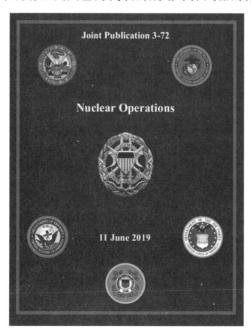

图 1-30　《联合核作战条令》

临近空间高超声速飞行器主要包括高超声速巡航导弹、助推滑翔导弹两类,在 20～100 km 高度高速飞行,可用于空间通信、侦察监视及全球快速打击等,给他国安全体系带来了潜在的巨大威胁。俄罗斯在俄乌冲突中多次利用米格-31K 等飞机发射"匕首"高超声速导弹进行精确打击。近年来,美国持续推进 X-51A 项目(图 1-31(a))、高超声速吸气式武器概念(HAWC)、空射型高超声速常规打击武器(HCSW)、空射快速响应武器(ARRW)、战术助推滑翔(TBG)、先进高超声速武器(AHW)和潜射型战术助推滑翔(TGB)等多种不同类型的高超声速技术预先研究和验证试验项目,其中,ARRW 项目开始型号研制,编号 AGM-183A(图 1-31(b))。"十分钟快速打击"正逐步成为现实。临近空间高超声速飞行器具有以下探测难点:飞行速度快、高度低,受地球曲率的影响,地基雷达探测距离不足 600 km,反应时间短;当速度超过 10 马赫时,在等离子体鞘套作用下目标回波信号严重畸变,雷达难以检测和定位;采用非弹道机动飞行,轨迹不易预测。

(a)X-51A高超声速巡航导弹　　　　　　　　(b)AGM-183A导弹

图 1-31　典型高超声速飞行器

X-37B 轨道试验飞行器是由美国波音公司研制的无人且可重复使用的航天飞机(图 1-32),由火箭发射进入太空,并通过自身携带的太阳能电池板制造需要的电能,平时在太空做环绕地球的轨道飞行,需要时可从轨道空间再入临近空间,可在轨道空间、临近空间和大气层内往复飞行。X-37B 可承担侦察、导航、控制、红外探测等任务,并且在完成任务后自动返回地面,被军事观察家称为"空天战机的雏形"。X-37B(OTV-3)已于 2014 年10 月 17 日完成连续飞行超过 674 天,最高速度 25 马赫以上。

隐身飞机通过外形设计、吸波材料、主动对消、隐蔽干扰、被动对消和红外特征信号控制等措施,降低武器装备的 RCS 或红外辐射等特征信息,使自身不被敌方探测系统发现。近年来,美军逐步完成了隐身飞机的升级换代,F-22、F-35、B-2 隐身飞机在我国周边部署、驻训、军演已常态化。随着以 RQ-180 高空侦察隐身无人机、B-21 轰炸机等为代表的新一代隐身装备的逐步列装(图 1-33),隐身目标探测能力面临新挑战。未来隐身技术将进一步拓展运用于隐身无人机、隐身轰炸机、多频段全向隐身飞机。反导预警雷达可以采用低频段、大功率孔径积、现代信号处理等技术提高隐身飞机目标探测能力。

在对弹道导弹进行预警时,卫星、空间站、宇宙飞船等人造航天器和各种太空垃圾属于干扰目标。2018 年全球在轨正常运行的卫星数量约为 2100 颗,失效废弃的卫星约

图 1-32　X-37B 空天战斗机外观图

（a）RQ-180高空侦察隐身无人机

（b）B-21轰炸机

（c）F-22重型隐身战斗机

（d）F-35联合攻击战斗机

图 1-33　新一代隐身飞机

2500 颗。太空垃圾是在人类探索宇宙的过程中被有意无意地遗弃在宇宙空间的各种残骸和废物，目前游弋在近地轨道上的太空垃圾，大约有 2.5 万块，太空垃圾将对航天器发射和运行构成威胁。太空垃圾示意图如图 1-34 所示。

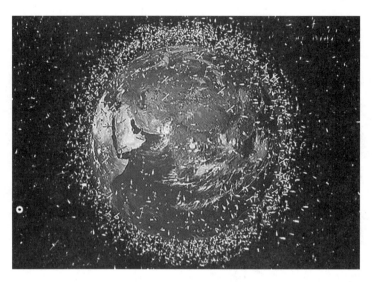

图 1-34　太空垃圾示意图

● 1.3.2　弹道导弹目标探测面临的挑战

综合国内外报道,弹道导弹目标探测的挑战总结如下:

对于主瓣干扰,如主瓣压制式干扰、切片转发干扰等,传统时域、频域、空域和极化域的处理方法很难抑制主瓣干扰[8]。当前,世界上弹道导弹突防技术和综合干扰技术快速发展,雷达工作的电磁环境日趋复杂,而且,弹头隐身能力越来越强,对雷达的杂波和干扰抑制、目标检测能力带来了严峻的挑战。针对弹道导弹目标探测所面临的复杂电磁环境,需要降低波形截获概率,增强雷达系统自身的综合抗干扰能力,提高干扰环境下雷达对隐身弹头目标探测的性能。

在集火突击场景下,多枚导弹迅速产生数百批目标,目标数量远超雷达目标容量,导致跟踪资源和识别资源不足的问题,预警系统难以全部跟踪。由于目标非常密集,目标间相互干扰,会导致检测上的遮蔽效应,容易造成部分目标难以过检测门限,而且,易造成错误关联,雷达获取的测量值与已跟踪航迹之间存在关联上的不确定性,往往导致合批、混批、丢批。如果雷达分辨率不够,会导致目标点迹断续,回波数量不定,难以维持稳定的航迹[9]。

在复杂实战环境下,目标综合识别技术已经成为制约反导效能的重要因素。特别地,在远距离低信噪比、目标特征库不完备和集火突击等情况下,人工判读或自动目标识别的导弹正确识别率还不高,弹头容易出现误判情况。战术多功能相控阵雷达或低分辨率雷达识别手段较少,为了获取更多的目标信息,需要雷达提高分辨率,并综合利用多种目标特征,并借助识别数据库,以识别出真弹头[11]。

雷达需要完成多任务,具备多功能,在实现对目标的远程探测和跟踪的同时,还应支持武器拦截,为导弹、动能武器的打击提供精确制导信息。多任务情况下,需要优化设计反导预警雷达拦截支持工作模式,提高跟踪精度,以满足探测制导一体化功能需求。

1.4　反导预警雷达探测技术发展趋势

为了有效应对未来强敌导弹齐射及多种突防措施构成的复杂战场环境,必须要加大对手研究、复杂战场研究,设法采集导弹目标数据,加快实战化反导预警技术研究,开发针对性预警手段和战法,提高反导预警体系及时发现、连续跟踪、准确识别的能力,并且通过协同探测实现目标信息的自动交班,为拦截武器提供信息保障。在反导预警体系中,雷达发挥着核心作用,逐步具备了"多功能、智能化、抗干扰、能识别"等典型特征。

具体来说,为了应对挑战,雷达采用了一些新技术,还有一些正在研究的有前景的新技术,从信号处理、数据处理、目标识别和资源调度与管理等分系统考虑,反导预警雷达需要突破的关键技术主要有以下几个方面:

(1) 利用智能认知理论,提升雷达抗主瓣干扰能力和复杂突防场景下隐身目标检测能力。

随着人工智能技术发展,反导预警雷达也在向软件化、智能化方向发展。新体制雷达的部分系统已经利用人工智能、机器学习、认知探测等技术,提高雷达对环境的适应能力,可根据不同的目标环境实时自主改变发射波形参数、信号处理算法等,提升雷达自适应资源调度、自动目标识别和基于知识辅助的环境感知能力。未来,反导预警雷达将采用先进的开放式架构设计,其架构由高集成度数字阵列模块(前端)和高性能通用数字信号处理机(后端)组成,在后端将信号处理、数据处理、终端显控等分系统进行组合化一体化设计和软件化设计,为后续的改造升级打下基础[21]。

针对弹道导弹目标探测所面临的复杂电磁环境,特别是弹载主瓣干扰,需要通过综合利用目标和干扰在时域、空域、频域、极化域、波形域等的可分性,利用认知与智能抗干扰、新体制抗干扰、低截获波形优化设计等理论,开展抗主瓣干扰技术、认知雷达探测技术等研究,以适应各种电磁环境下的目标探测需求,降低波形截获概率,改善目标与电子干扰的区分性,增强复杂主瓣干扰环境下隐身弹头目标探测性能。其中,认知与智能抗干扰技术在电磁环境综合感知基础上,基于人工智能技术,使雷达自适应进行发射参数选择和信号处理,赋予雷达学习力、记忆力、推理力和决策力,提升雷达干扰条件下的综合处理能力。

另外,向高与低两端拓展雷达频段,不同频段、不同体制、不同平台雷达进行雷达组网协同探测,也是反干扰、反隐身的发展趋势之一。

(2) 在集火突击场景下,优化雷达群目标跟踪技术与资源管理方法。

突防弹头周边同时存在诱饵、碎片、箔条等大量假目标,目标威胁度与重要性不同,而且,目标数量通常大于雷达目标跟踪容量,必须进行有效的资源调度与管理,用有限的资源确保高威胁等级目标的可靠探测。针对集火突击条件下跟踪资源和识别资源不足的问题,需要分析不同跟踪状态和各种特征提取技术的资源需求,研究和优化群目标跟踪技术和群目标资源管理方法,维持目标稳定跟踪和雷达资源均衡利用。在复杂电磁环境下,综合利用多维度特征来解决跟踪滤波和数据关联问题,以提高目标跟踪精度。

资源优化调度与管理技术与作战运用关系密切,为了快速应对弹道导弹探测和拦截中的诸多不确定性问题,需要预先制定多套探测预案,设置好搜索屏,重点目标要优先保证雷达资源。将来,资源调度与管理将逐步具备辅助认知战场态势、智能资源调度的功能。

需要指出的是,单部雷达可使用资源有限,针对大量目标搜索、跟踪、识别应用需求,必须利用反导预警体系进行协同搜索跟踪。

（3）利用多频段、多手段,促进综合识别技术改进,提高实战条件下目标综合识别能力。

目标识别问题涉及多种特征提取技术,如 RCS 特征、弹道特征、一维距离像特征、二维图像特征、微动特征和极化特征,各种特征提取技术在区分真假目标方面均有其独到的优势和不足,在导弹飞行的不同阶段、针对不同真假目标,需要使用相适应的特征提取技术。

为了获取更多的目标信息,需要提高雷达分辨率,开展各种突防条件下弹道导弹目标探测试验,并设法测量、采集其他国家的导弹发射试验数据,建立完善的真假弹头目标特性数据库,做到"知己知彼,百战不殆"。需要利用弹道导弹目标特性数据库和人工智能技术,分析得到不同射程、不同突防情况下有效的特征提取技术,优化目标识别方法和流程,促进弹道导弹目标综合识别技术改进。

（4）设计灵活多样的工作模式,提高反导预警雷达的多功能多任务能力。

现代战争中,反导预警雷达往往需要同时探测多样化的目标,如空中飞机、弹道导弹、巡航导弹等,并完成预警和引导等多种功能。而且,在组网协同探测条件下,需要根据目标类型和任务要求自动切换工作模式,以及发射波形和跟踪数据率等工作参数,自适应形成发射波束和接收波束,进行自适应信号处理,等等。所以,需要不断提高信息处理能力,并设计灵活多样的工作模式,保证资源的最优分配,在实现对目标的远程探测和跟踪的同时,支持武器拦截。

1.5 小 结

导弹防御系统和弹道导弹系统的攻防对抗进入全面对抗阶段,两者相互促进、竞争发展,构成事物矛盾运动的两个方面。从预警探测角度看,弹道导弹所采取的各种以电子战为主的突防措施与弹道导弹防御系统中以光电、雷达为主的探测、跟踪、识别系统之间的斗争贯穿于整个弹道导弹的攻防过程。弹道导弹综合利用多种突防措施,对反导预警雷达目标探测带来了严峻挑战。为了应对弹道导弹目标探测面临的挑战,雷达装备及其探测技术快速发展,为反导拦截和预警反击提供了重要技术保障,为保卫国家、守护人民生命财产安全构筑了坚实防线。

通过本章学习,建立起反导预警雷达探测技术的整体概念,后续章节将围绕反导预警雷达系统组成、分系统功能、实现分系统功能的关键技术来介绍,以认识反导预警雷达探测技术的全貌。

思 考 题

1-1　简述美国反导预警系统的主要功能和典型装备构成。

1-2　弹道导弹主要有哪些突防措施?简述这些突防措施的特点。

1-3　弹道导弹目标探测面临的主要挑战有哪些?

第2章

反导预警雷达系统基础知识

当前，相控阵雷达技术快速发展，世界军事强国的新型防空反导预警雷达大多采用先进的数字阵、氮化镓（GaN）等技术，展示出多任务、高性能、高机动性等优异性能。本章主要介绍反导预警雷达技术体制发展概况、性能指标、雷达系统组成，从整体上理解反导预警雷达系统的功能、组成和工作流程，了解关键技术与雷达分系统的联系，为学习探测技术打下基础。另外，雷达距离方程是雷达系统设计与性能分析的有力工具，本章简单讨论了不同工作环境下的雷达距离方程。

2.1 反导预警雷达技术体制发展概况

雷达最早的含义是"无线电探测和测距"，基本功能是利用目标对电磁波的散射来发现目标，并测定目标的空间位置。在第二次世界大战中，雷达在预警和控制高射炮进行射击等方面发挥了重要作用。随后，雷达技术进入快速发展时期，出现了许多新型雷达，雷达的功能已经超出了最早的含义，可以提取目标更多信息，如速度、RCS、目标成像等，从而实现对目标的精密跟踪和分类识别。

● 2.1.1 发展历史

雷达体制是指，雷达为满足使用要求所采用关键技术类型的特征，如全相参体制、相控阵体制、单脉冲体制等[13][14]。

20 世纪 40 年代后期，雷达采用了动目标显示（MTI）技术，诞生了动目标显示雷达,有利于从地、海、云雨等杂波中发现目标。

20 世纪 50 年代,雷达广泛采用动目标检测(MTD)、单脉冲测角、脉冲压缩等技术。

20 世纪 60 年代,"弹道导弹预警系统"中的 AN/FPS-49 跟踪雷达、AN/FPS-50 警戒雷达、AN/FPS-92 跟踪雷达等均为机械扫描雷达,是采用了脉冲多普勒、单脉冲测角和跟踪技术的全相参三坐标雷达,用于探测来自北冰洋方向的导弹。

(a) AN/FPS-49跟踪雷达

(b) AN/FPS-50警戒雷达

图 2-1　弹道导弹预警系统的机械扫描雷达

20 世纪 60 年代后期,相控阵雷达开始用于弹道导弹预警。由于洲际弹道导弹和人造卫星的出现,需要雷达的作用距离从几百公里提高到几千公里,而且要同时对多批高速目标进行精密跟踪,必须提高雷达数据率,解决边搜索、边跟踪及合成雷达信号能量的问题。为了增加作用距离,通常采用增加功率孔径积、减少接收机噪声的方法。因为机械扫描雷达的天线波束扫描一圈往往要几秒钟,不能跟踪洲际弹道导弹和人造卫星目标,20 世纪 50 年代,人们提出了电扫描技术,20 世纪 60 年代,随着各种新型微波电子元器件(如铁氧体、二极管开关移相器等)的产生,数字电子计算机的应用,以及控制理论的出现,电扫描波束控制系统得到了很大发展。1969 年 1 月在佛罗里达州西北部埃格林空军基地建设了 P 波段大型无源相控阵雷达 AN/FPS-85(图 2-2),用来探测和跟踪从北美大陆南部向美国发射的弹道导弹(目前被赋予空间目标监视任务)。相控阵雷达改变波束指向所需控制时间一般为微秒量级,是机械扫描雷达反应时间(秒量级)的几十万分之一,从而能够跟踪洲际弹道导弹目标。

图 2-2 AN/FPS-85 相控阵雷达

相控阵雷达是指,应用电子技术控制阵列天线各辐射单元的相位,使天线波束指向在空间灵活变化的雷达。相控阵雷达在搜索和跟踪目标时,整个天线系统可以固定不动,天线波束指向不必用机械伺服系统来控制,而是通过控制阵列天线中各个单元的相位,得到所需的天线方向图和波束指向,使波束在一定的空域中按预定规律进行扫描[15]。

早期的相控阵雷达通常仅有一个集中式大功率发射机(多数为电真空发射机)和一个接收机,发射机产生的高频能量经馈电网络传给天线阵的各个辐射单元,目标回波信号经接收机统一放大,这种相控阵雷达称为无源相控阵雷达。图 2-3 所示为一个发射和接收共用的线性相控阵雷达天线系统原理图[16]。发射时,发射机输出信号经功率分配网络分为 N 路信号,再经移相器移相后送至每一个天线单元,向空中辐射,使天线波束指向预定方向;接收时,N 个天线单元收到的目标信号,分别通过移相器移相,经功率相加网络,实现信号相加,然后送接收机。发射和接收信号的转换依靠收发开关实现。由这一原理图可见,它的天线系统是一个多通道系统,包括多个天线单元通道,每一通道中均包含有移相器。

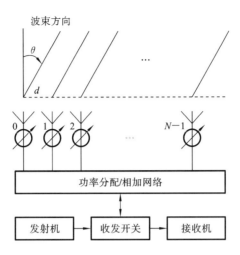

图 2-3　相控阵雷达天线系统原理图

　　20 世纪 70—80 年代,固态有源相控阵技术迅速发展。固态有源相控阵技术是指雷达阵列天线中每个天线单元(或子阵)采用固态收发组件直接馈电的相控阵技术。1977 年,"丹麦眼镜蛇"相控阵雷达 AN/FPS-108 投入使用。20 世纪 80 年代,美国部署了多部"铺路爪"相控阵雷达 AN/FPS-115。这些大型固态有源相控阵雷达在弹道导弹预警和空间目标监视等任务中发挥了巨大作用。

　　随着高功率固态功率器件及单片微波集成电路的出现,每个天线单元(或子阵)通道中可以设置固态发射/接收(T/R)组件,使相控阵雷达天线变为有源相控阵雷达天线。这里,"有源"的含义是指辐射功率是在阵列天线的 T/R 组件内产生的。有源相控阵雷达每个 T/R 组件的发射通道都可以看作一个发射机,每一个发射机的输出信号功率馈给一个天线单元(或一个子阵),整个天线阵面辐射的信号功率是所有发射机的功率之和,在空间实现了发射信号的功率合成。与整个雷达采用一个集中式大功率发射机的无源相控阵雷达相比,有源相控阵雷达可以增加总的发射功率,减少发射馈线网络的损耗,同时移相器等馈线元件可处在低功率状态,为雷达系统的设计带来了较大的方便,而且有源相控阵雷达采用了较多的新技术,使天线波束具有极大的灵活性与自适应性。特别是近年来发展起来的数字波束形成(Digital Beam Forming,DBF)技术,通过将接收天线的波束形成与信号处理相结合,可以进行时域和空域两维信号处理,以及天线波束赋形自适应控制。

　　20 世纪 90 年代以后,随着半导体器件技术和先进数字信号处理技术的发展,有源相控阵雷达接收和发射都采用了数字波束形成技术,数字阵列雷达的概念应运而生[17][18]。数字阵列雷达是一种接收和发射波束都以数字方式实现的全数字相控阵雷达。由于数字阵列雷达波束扫描所需要的移相是在数字域实现,利用 DDS 的相位可控性来实现对相控阵发射波束的控制,因此对移相在射频域实现的有源相控阵雷达而言,数字阵列雷达的系统性能有了很大提升。

　　目前,国内外已有多个数字阵列雷达。随着有源相控阵雷达、数字阵列雷达和信息处理能力的不断提高,相控阵雷达逐渐具备了对飞机、弹道导弹和临近空间目标同时探测的能力。相控阵雷达已发展成为具有多功能、多目标、远距离、高数据率、高可靠性和高自适应等能力的一种重要雷达。

数字阵列雷达在架构上可简化为数字有源阵列与数字处理两部分,其中数字有源阵列主要包括天线、数字阵列模块、收发校正模块、本振参考源等,数字处理主要包括数字波束形成、数字信号处理、数据处理等。数字阵列雷达通过将接收和发射单元模拟信号数字化,实现了发射波形产生与接收信号处理的全数字化处理,信号流程框图如图 2-4 所示。由图可知,数字阵列雷达将 DBF 和直接数字频率合成技术(Direct Digital Frequency Synthesizer,DDS)整合到 T/R 组件中,可构造出数字 T/R 组件,其中,DDS 用于波形产生和天线辐射单元的相位控制,模拟/数字转换器(A/D)用于将接收模拟信号变为数字信号,以便在数字域进行高精度移相(移相精度可达 14 位)、信号传输和雷达信号处理。

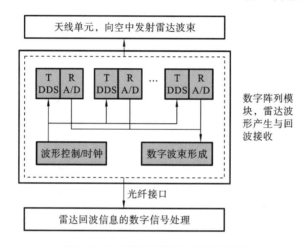

图 2-4　数字阵列雷达信号流程框图

数字 T/R 组件是数字阵列雷达的核心部件,基本结构如图 2-5 所示[18]。发射通道利用 DDS 形成雷达波形信号,经变频、高功率放大,通过 T/R 开关输出到天馈分系统(天

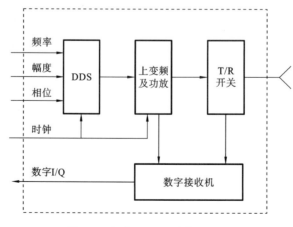

图 2-5　数字 T/R 组件基本结构

线单元)。这里,利用 DDS 能够实现高精度相位控制,可以实现发射 DBF,随着电子干扰技术的发展,当前需要攻克的技术难题是进一步降低发射波束的副瓣。接收通道完成回波信号的接收、低噪声放大、变频、滤波和 A/D 数字化采样,形成数字基带信号,可以由阵列处理分系统实现接收 DBF。随着数字化通道增多,需要进行大容量数据存储和高维度数据处理,对复杂算法的实时实现提出了挑战。

综上所述,相控阵雷达技术演进历程如图 2-6 所示[17]。数字阵列雷达与传统相控阵雷达最本质的区别是发射与接收波束形成方式不同。传统相控阵雷达是依靠移相器、衰减器和微波合成网络来实现波束在空间扫描的,这是一种在模拟域基于射频器件和馈电网络构建的运行处理方式。数字阵列雷达的典型特点是大阵面,单元数非常多,每个单元的收发都可独立数字控制,具备同时发射多种信号的能力,资源调度灵活,大大提高了多任务能力、抗干扰能力和功能扩展能力;可获得每个天线单元的回波信息,每个单元经射频或中频采样后数字化接收,接收波束的灵活性为各种阵列处理提供了条件,有利于实现空域自适应滤波、空时自适应处理、超低副瓣等功能。

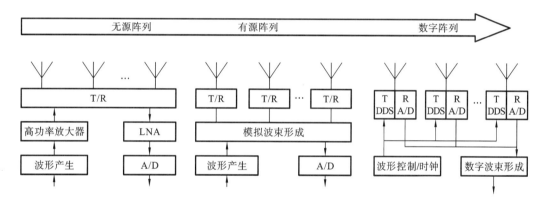

图 2-6　相控阵雷达技术演进历程

数字阵列雷达在发射端和接收端都实现了数字波束形成,因而可形成多种收发波束模式,对应形成了多种雷达体制,比如,发射和接收均为单波束、展宽发射波束和接收多波束、全向发射波束和接收多波束、多输入多输出(MIMO)收发波束等[19]。目前一些新概念数字阵列雷达体制正处于概念研究和原理验证阶段,如机会数字阵列雷达(Opportunistic Digital Array Radar)、多输入多输出雷达、泛探雷达等。面临的技术难题包括数字阵列天线的结构设计、射频采样的高速 A/DC 与 D/AC、高集成度可扩充阵列模块的设计制造、超宽带大型阵列的数字信号处理、低成本器件、嵌入式散热管理、开放式通用化的系统架构设计、应用平台扩展等。

需要说明的是,相控阵雷达实现方式灵活,有些相控阵雷达不能严格划分成某种体制雷达,比如,为了提高性价比,发射时可以采用几个集中式大功率发射机,或者每个子阵中采用固态发射组件,接收时也可在每个天线单元或每个子阵通道进行数字化采样,并实现数字波束形成。

2.1.2　发展趋势

雷达发展主要来自需求牵引和技术推动两个方面的动力,随着现代雷达面临的威胁和环境日趋复杂,雷达需要同时适应多类目标探测需求,对抗复杂电磁环境和杂波环境,增强平台的低截获性能,并且,随着现代微系统技术和数字阵列信号处理技术的不断发展,为未来反导预警雷达的发展提供了条件。雷达技术正在向数字化、宽带化、软件化、多功能一体化、分布式网络化、认知与智能化的方向发展,正在向多域、多维信号空间处理方向发展,正在向装备结构机会化、共形化发展,最终将走向探测、侦察、干扰、通信的综合一体化。

新概念新体制雷达将会在反导预警中发挥重要作用,本小节将简单介绍软件化雷达、认知雷达和机会数字阵列雷达的基本概念,以抛砖引玉,引起思考。

软件化雷达是现代雷达系统技术发展的必经阶段和大势所趋。软件化雷达是具有通用的开放式体系结构,系统功能通过软件定义、扩展和重构的新一代雷达[2]。其基本思想是把传统以硬件为核心实现专用功能的雷达系统构建方法,转到"以面向应用为核心实现任务和功能的灵活配置"的设计思想。美军于 2000 年提出了软件化雷达概念,2009 年成立了开放式雷达体系结构国防支援团队推动软件化雷达的发展,并成功在美国空军三坐标远征远程雷达(Three-Dimensional Expeditionary Long-Range Radar,3DELRR)上进行了验证。近年来,以美国为代表的军事强国持续进行软件化雷达技术研究和新型号开发,并取得了多项研究成果,标志着软件化雷达技术已从演示验证正式进入型号研制阶段。

软件化雷达技术架构包括雷达操纵系统、应用构件、阵面及硬件平台四个组成部分,如图 2-7 所示[2]。雷达操纵系统是雷达运行调度中心,为应用提供统一的接口和环境,使软件独立于硬件运行环境;应用构件是完成搜索、跟踪、识别、干扰等雷达功能的软件模块;阵面采用模块化设计,支持阵面孔径可重构;硬件平台采用开放式架构,处理能力可扩展,计算资源可重构。针对作战场景,软件化雷达技术通过操作系统实现对雷达阵面、计算资源的调度控制,实现应用软件构件的组装和部署等工作,完成相应的作战任务。

软件化雷达采用通用化硬件平台,系统可编程,强调面向实际应用需求,通过软件重构和升级,不断更新和改进系统,扩展系统功能,支持侦察、干扰、探测、通信等多任务,提高雷达性能,以实现对实际军事需求的快速响应,被视为改变雷达系统设计的游戏规则的重大进步。正值现代雷达系统技术从"数字化雷达"向"软件化雷达"过渡的重要时期,软件化雷达的实现和发展为未来"智能化雷达"的研发奠定了坚实的基础。在软件化雷达研制过程中,涉及系统架构设计、软件接口标准、适应不同场景的信号与信息处理算法库构建等技术难题。

国内外一些雷达已经采用了认知探测信息处理架构,认知雷达将开启雷达智能化发展方向。认知雷达可以充分利用先验及实测的环境和目标信息,通过在线设计与运用发

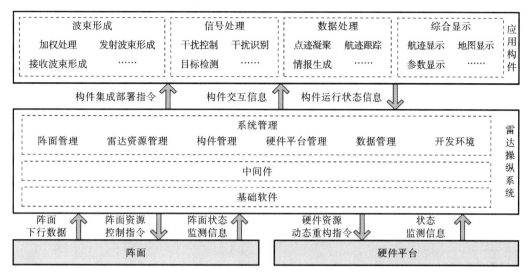

图 2-7　软件化雷达技术架构

射能量、合理分配系统资源和优化滤波处理等来提高雷达的目标探测性能,可以实现从接收信号到发射端的闭环处理,从而提高雷达对复杂地理和电磁环境的适应能力。人们给出了认知雷达的定义为:认知雷达具备对环境和目标信息在线感知和记忆的能力,结合先验知识,可以实时优化雷达发射和接收模式,达到和目标及环境的最优匹配,提高复杂环境下的目标探测性能[20][21]。基于发射的自适应和环境的感知,J. R. Guerci 提出了一种认知雷达框图,如图 2-8 所示。认知探测涉及认知探测处理架构、电磁环境感知、波形优化设计与调度、基于目标和环境信息的目标检测等内容,内涵丰富,一些相关的技术原理简介可参见 3.1.4 节认知探测处理、3.1.5 节雷达发射波形优化设计、3.2.4 节基于目标和环境信息的目标检测方法、3.4.2 节干扰侦测和环境感知的原理、5.2.5 节基于波形库的搜索波形调度方法和 5.3.4 节多目标跟踪场景下基于波形库的波形调度方法等章节。

　　机会数字阵列雷达是美国海军针对新一代海军隐身驱逐舰 DD(X)提出的一种新概念雷达,该雷达以平台隐身性设计为核心,以数字阵列雷达为基础,单元和数字收发组件可被任意布置于舰船的各个开放空间[22]。其性能特征是:雷达的战术功能、工作方式、空-时-能管理均为"机会性"的,雷达自身具有对战场环境的感知、评估能力,结合雷达的战术要求,自适应、机会性地选择最佳的工作方式,并形成机会性的有效作战模式。

2.2　性能指标

　　相控阵雷达的战术指标主要取决于雷达应实现的功能,这在很大程度上决定了雷达的技术指标、研制周期和生产成本。随着雷达技术的进步,战术和技术指标越来越高。

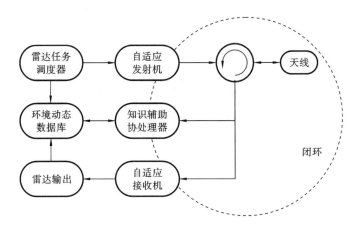

图 2-8 含有环境动态数据并具备自适应发射特性的认知雷达框图

2.2.1 战术性能

雷达战术性能是指雷达的作战使用特性和功能,包括工作频率、作用范围、波束工作方式、测量性能、目标容量、反侦察、反干扰、反摧毁及快速反应能力和机动性等。

各种类型雷达的战术指标体系基本相同,根据反导预警雷达要完成的不同任务和不同功能,战术指标要求是不同的。常用的战术指标如图 2-9 所示[16]。

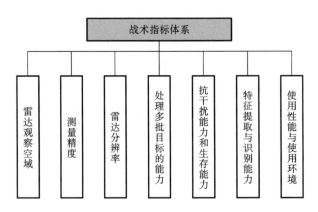

图 2-9 反导预警雷达的战术指标体系

1. 雷达观察空域

一部雷达只能完成特定空域、特定目标的探测,雷达观察空域是指雷达在规定条件下发现目标并测量其参数的空间界限。雷达观察空域包括探测距离、方位观察范围、俯仰观察范围、高度观察范围、可探测目标速度范围。相控阵雷达方位观察范围是指当天线阵面不动情况下,天线波束在方位角上的扫描范围,通常以$\pm\phi$表示。

实际上,利用检飞数据经等效推算或计算机仿真数据,可以绘制雷达威力图来表示垂直面内的雷达威力覆盖。雷达威力图可把雷达的距离性能绘成目标高度和仰角的函数,相控阵雷达的威力覆盖示意图如图 2-10 所示,威力图中有三种曲线:等距线——目标距离一定,高度随仰角的变化关系;等高线——目标高度一定,距离随仰角的变化关系;等角线——仰角一定的射线。

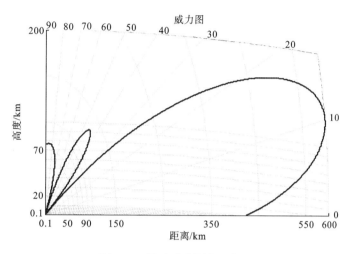

图 2-10　雷达威力覆盖示意图

▦ 2. 测量精度

雷达测量精度是指雷达测定目标诸元的精确程度,包括距离、方位、俯仰、高度、RCS 和速度等测量精度。测量精度要满足目标跟踪、目标制导、群目标分辨、特征提取或系统融合的要求;当分辨率较差、信噪比(信干比)较小时,测量精度较差,可能难以满足要求。

在实测数据分析、效能评估等应用中,常常要计算测量精度。测量精度描述雷达测量值与目标实际值的误差大小,误差越小则精度越高,通常可分为系统误差和随机误差。

对于测量值序列,系统误差为雷达测量值与目标实际值之差的均值,可表示为

$$S = \frac{1}{n}\sum_{i=1}^{n}(x_i - x_{i,\text{real}}) \qquad (2.1)$$

式中,n 为测量点数,x_i 为 i 时刻雷达测量值,$x_{i,\text{real}}$ 为 i 时刻目标实际值。

随机误差为雷达测量值与目标实际值之差的标准差,可表示为

$$E = \sqrt{\frac{1}{n-1}\sum_{i=1}^{n}(x_i - x_{i,\text{real}} - S)^2} \qquad (2.2)$$

若进行了系统误差处理,即 $S \approx 0$ 时,随机误差可表示为均方根误差。

雷达实际的参数测量精度一般大于理论值,影响因素很多,关系复杂[24]。影响参数

测量精度的因素主要包括雷达系统损耗、多次观测时的信号传播随机性(大气折射、电离层折射)、雷达校准和标定误差、杂波、电子干扰、多径散射等。

误差处理包括系统误差处理和随机误差处理等。系统误差通常表现为重复出现的误差,因此可以通过固定修正的办法去除;对于随机误差,通常应用统计估值方法,得到尽可能精确的目标运动参数。

3. 分辨率

分辨率是指雷达区分相邻目标的能力,主要有距离分辨率、方位分辨率、俯仰分辨率和速度分辨率。在测量时,雷达必须将一个目标与其他目标在距离、角度或速度上分辨开。在头体分离、干扰(诱饵)分离、末修分离、子母弹分离等重要阶段,雷达要能观测出分离过程,分辨率足够高才能进行成像识别。

距离分辨率 ΔR 可表示为

$$\Delta R = \frac{c}{2B} = \frac{\tau_0 c}{2} \tag{2.3}$$

式中,B 为信号带宽;τ_0 为脉冲压缩后的脉宽。雷达在搜索、跟踪和识别等阶段具有不同信号带宽的发射波形,具有不同的分辨率。比如,采用窄带波形进行搜索、截获和跟踪,采用宽带波形进行识别和毁伤效果评估。

角度分辨率即为波束宽度 $\Delta\theta$,与天线尺寸有关,角度分辨率与天线尺寸成反比,天线尺寸越大,角度分辨率越高。波速宽度 $\Delta\theta$ 可表示为

$$\Delta\theta = \lambda/D \tag{2.4}$$

对应的横向分辨率 ΔD,可以近似表示为距离与波束宽度的乘积:

$$\Delta D = R \cdot \Delta\theta = R \cdot \lambda/D \tag{2.5}$$

式中,$\Delta\theta$ 的单位为弧度,R 为目标与雷达之间的距离,λ 为波长,D 为天线尺寸。

目标多普勒频率对应的目标径向速度分辨率 ΔV 为

$$\Delta V = \frac{\lambda}{2t_m} = \frac{\lambda \cdot \Delta f_d}{2} \tag{2.6}$$

式中,t_m 为信号持续时间,Δf_d 为多普勒频率分辨率。

4. 处理多批目标的能力

处理多批目标的能力一般是指雷达能同时跟踪多少目标,它与雷达功率孔径积、精度、目标特性,以及任务要求相关。处理多批目标的能力主要包括雷达目标容量、数据率、虚假航迹率等。

雷达目标容量是指雷达在扫描周期内能处理、显示目标的最多批数,主要用于衡量雷达处理空情能力。在弹道导弹突防场景下,根据雷达要完成的不同特定任务,合理定出要实时跟踪的目标数目。

数据率,也称为数据更新率,是雷达在单位时间内所能提供每个目标数据的次数。天线转速或波束扫描越快,数据率越高,在同一时间内获得目标数据次数越多,对目标动态和机动情况掌握得越好。数据率描述的是对目标探测的频率,也常用探测周期描述,

比如说,数据率是 2 Hz,也可以说是 0.5 s 的数据率。数据率包括搜索数据率和跟踪数据率。跟踪数据率为跟踪采样时间间隔的倒数,按目标重要性可以有不同的跟踪数据率,跟踪数据率在资源分配和工作方式安排中成为一个重要的控制参数。利用目标的跟踪采样时间,如 $t_1, t_2, \cdots, t_n$,可用跟踪采样时间间隔(两点间时间间隔)对跟踪数据率进行描述和估计,跟踪采样时间间隔表达式如式(2.7)所示,示意图如图 2-11 所示。可知,设定的跟踪采样时间间隔为 0.5 s,对于跟踪采样时间间隔大于 0.5 s 的时刻,说明存在丢点现象,对于跟踪采样时间间隔远小于 0.5 s 的时刻,采用宽、窄带分时工作的方式进行一维成像处理等操作。

$$\Delta t_i = t_{i+1} - t_i, \quad i = 1, 2, \cdots, n-1 \tag{2.7}$$

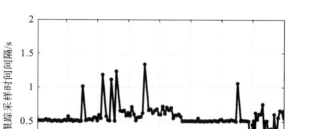

图 2-11　跟踪采样时间间隔示意图

5. 抗干扰能力和生存能力

抗干扰能力和生存能力是指,在当今电子战和信息战的条件下,雷达需要满足在复杂战场环境与电磁环境下的工作能力和生存能力。

抗干扰效果不仅取决于干扰,如干扰技术、干扰参数、干扰时机和干扰运用,还取决于雷达体制、工作状态和抗干扰措施等。电子干扰条件下的雷达探测效能评估的相关内容详见 3.4.4 节,这里仅简单介绍。

压制式干扰情况下,通常用能量准则进行抗干扰能力评估,采用信号干扰功率比(信干比)、探测距离、跟踪持续时间等指标。复杂电磁环境下,探测能力的下降程度,一般用复杂电磁环境下最大探测距离 R_{jam} 与正常情况下最大探测距离 R_{max} 的比值来表示,即

$$D_R = \frac{R_{jam}}{R_{max}} \tag{2.8}$$

在杂波和欺骗式干扰情况下,虚假点迹和虚假航迹可能导致雷达要处理的目标数量显著增加和资源的消耗,影响跟踪精度等。此时,通常用概率准则或信息准则进行抗干扰能力评估,采用漏警概率、虚警概率、虚假航迹率、跟踪精度、成功建立跟踪的比率等指标。

6. 特征提取与识别能力

特征提取与识别能力是指利用 RCS、一维距离像、极化等多种特征提取手段从目标

群中识别真目标,包括识别目标数量、正确识别率、错误识别率、识别置信度等。雷达目标识别效果评估技术的相关内容详见 6.6 节。

7. 使用性能和使用环境

使用性能包括机动性、维修性、可靠性、测试性、保障性等。

(1)机动性是指雷达快速撤收、转移、架设并恢复正常工作的能力,主要指标包括雷达架设和撤收时间、雷达运输能力。

(2)维修性是指雷达在规定的条件和时间内,按规定的程序和方法进行维修时保持或恢复至规定状态的性能,主要指标为平均修复时间。

(3)可靠性是指雷达在规定的条件和时间内实现规定功能的性能,主要指标通常为平均故障间隔时间和平均致命故障间隔时间。

(4)测试性是指能及时准确地判断雷达整机及各分系统、分机、组件工作正常情况并隔离其内部故障的能力,主要指标为故障检测率、故障隔离率和故障虚警率。

(5)保障性是指雷达技术保障满足平时、战时使用要求的能力,主要指标为装备完好率、使用可用度、器材无用度和站级故障修复比等。

使用环境主要是指正确选择雷达工作的地理位置、雷达天线法线方向的朝向、遮蔽角,以及雷达辐射对周围企业、居民的影响。环境适应性是指在规定的使用环境下,雷达在寿命周期内能够保持正常工作的能力,包括气象环境、地理环境、电磁环境等要求。多种电子设备同时使用时,可能会由于相互之间的电磁干扰而发生不兼容,电磁兼容性是电子设备或系统在电磁环境中,按设计的性能维持正常工作,同时又不影响其他电子设备或系统正常工作的能力。

2.2.2 技术性能

雷达技术性能是指衡量雷达及各分系统性能的基本特性指标,包括天线、馈线、发射、信号产生和时间基准、接收、信号处理、抗干扰、数据处理、监测和控制等分系统的技术指标和要求。

衡量雷达系统的技术指标主要包括工作波段的选择、相控阵天线方案选择、信号波形选择、测角方式选择等。

工作波段的选择需要考虑雷达要观察的主要目标类型、雷达测量精度和分辨率要求、雷达主要工作方式、雷达研制成本、研制周期与技术风险、电波传播及其影响等因素。

相控阵天线方案选择需要考虑天线扫描范围、馈电方式、副瓣等因素。

信号波形选择需要考虑工作模式、分辨率和测量精度、目标识别要求、抗干扰能力等因素。

雷达接收分系统的具体构成与用何种测角方式有关,测角方式通常在单脉冲比幅测角方式和单脉冲比相测角方式中选择。

2.3 反导预警雷达系统组成与信号流程

反导预警雷达通常需要探测多个弹道导弹目标群,实现多种功能,如搜索、跟踪、成像、分类与识别等,其通常具有以下特点:

(1)相控阵天线具有波束快速扫描(波束指向可快速变化)和波束形状可快速变化的能力,可以进行分区搜索和重点区域搜索;

(2)采用多种波形用于实现多种功能,对多个目标回波信号进行数字信号处理;

(3)根据目标和环境信息,控制信号的发射与接收,可灵活地进行资源调度。

相控阵雷达的一般工作流程如图 2-12 所示[25]。首先相控阵天线接收目标的回波信号,经过接收网络、接收机处理后,送入信号处理器和数据处理器,在其中完成目标的检测、测量、关联、滤波及预测等处理;雷达控制器中的资源调度与管理模块根据信号处理器和数据处理器处理的结果,产生雷达波束的驻留指令,包括雷达波束的指向、发射时间、频率、发射波形、驻留时间等参数,并将其送往雷达发射机和波束控制器;发射机根据雷达控制器指令产生相应的发射波形,通过发射网络到达阵列天线辐射出去,同时波束控制器计算出移相器所需的波束控制码,通过移相器控制阵列天线的波束指向,完成雷达控制器的任务指令,形成任务处理的一个闭环。

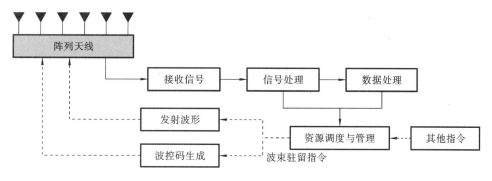

图 2-12 相控阵雷达的一般工作流程

反导预警雷达主要由天线阵面、数字阵列处理、信号处理、数据处理、控制显示、频率源、冷却、电站等设备组成[16],系统组成和信号流程如图 2-13 所示。天线阵面包含若干个天线单元,对应若干个 T/R 通道。来自天线阵面的多路窄带接收信号数字化后经光纤传输网络传送给数字阵列处理分系统,进行数字波束形成(DBF)和反干扰处理,形成和、方位差、俯仰差信号和匿影信号送信号处理分系统,进行脉冲压缩、MTI 和目标检测等处理,该流程常称为窄带信号流程。来自天线阵面的多路宽带信号,经宽带接收机进行低噪声放大、混频、中频采样后,通过光纤送信号处理分系统,进行通道补偿、运动补偿、脉冲压缩、目标检测等处理,该流程称为宽带信号流程。习惯上,人们把流程中信息处理与控制计算机至阵列处理分系统、波束控制器和频率源的流程称为控制流程（见图2-13中虚线），主要进行资源调度与管理。

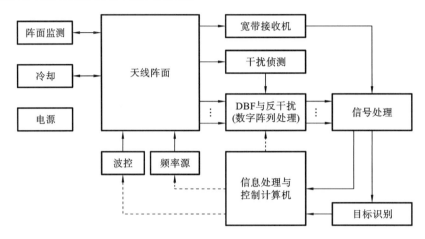

图 2-13　反导预警雷达系统组成和信号流程

相控阵天线阵面由多个天线单元组成，通过改变每一天线单元通道传输信号的相位与幅度，可以实现天线波束的快速扫描与形状变化。天线阵面辐射的信号功率是所有T/R组件的功率之和，在空间实现了发射信号的功率合成，并在每一天线单元接收回波信号。

相控阵天线阵面通常集成了发射分系统和接收分系统的部分功能。发射分系统的功能主要是将射频激励信号经前级功放器放大后，通过阵面网络分配至天线阵面的子阵面和T/R组件。接收分系统主要包括几十至数千路窄带数字接收通道、宽带接收机和光纤传输接口等。多路窄带数字接收通道对窄带射频信号进行低噪声放大、混频、采样、下变频等处理后，形成数字零中频信号并通过光纤送数字阵列处理分系统。宽带接收机的功能是将宽带回波信号变换为数字零中频后送信号处理分系统。

数字阵列处理分系统接收来自天线阵面和窄带数字通道的多路窄带数据，完成数字波束形成（DBF）、通道校准、自适应副瓣对消等功能。

信号处理分系统主要包括窄带处理通道和宽带处理通道两部分。窄带处理时，通过光纤接收数字阵列处理分系统送来的多路窄带数据，完成抗窄脉冲干扰、数字脉冲压缩、目标检测、后匿影处理、目标提取等功能，将提取出的距离、方位、俯仰和速度等目标点迹数据按约定格式送信息处理与控制计算机进行数据处理。宽带处理时，通过宽带合成网络，形成和差等多路宽带信号，对宽带回波信号进行低噪声放大、混频、中频采样后，通过光纤送信号处理分系统，主要完成通道补偿、运动补偿、脉冲压缩、宽带目标检测等功能，并提取目标点迹数据送信息处理与控制计算机进行数据处理。另外，根据工作方式，信号处理分系统对所关注的目标提取目标特征数据送目标识别分系统。

反导预警雷达的控制中心是信息处理与控制计算机，主要负责数据处理和资源调度与管理。数据处理模块主要完成信号相关判决、目标位置外推、滤波、数据内插、航迹相关、轨道测量和发点落点坐标计算等，目标丢失后，控制和实现对目标的补充搜索、数据补点。资源调度与管理模块按照预先编好的程序控制发射波束和接收波束,实现对特定空域的搜索、目标截获和跟踪;根据目标回波信号的大小实现自适应能量管理,改变信号波形、信号重复频率及驻留时间;根据目标位置和特征判断其威胁程度,按照威胁度大小改变对目标的跟踪状态;根据跟踪目标数目和不同的跟踪状态,修改跟踪数据率,灵活地调整信号能量。

侦察接收分系统,完成干扰侦测功能,实时侦察干扰信号和环境信号,用于雷达选取工作频点、采取抗干扰措施,提高雷达系统抗干扰能力。

波束控制器是相控阵雷达所特有的,它取代了机械扫描雷达中的伺服驱动分系统。在计算机控制下,按波束指向的代码,波束控制器算出每一个天线单元上的移相器所需的控制代码,将其传送至各移相器上的寄存器和驱动器。对于要实现变极化工作的相控阵雷达,变极化的控制也由波束控制器来进行。

频率源的功能是产生雷达系统所需的发射激励信号、基准时钟信号、本振信号。

阵面监测分系统包括计算机、监测馈线、信号源、幅相接收机及控制设备等。反导预警相控阵雷达包含成千上万个天线单元,例如大量的 T/R 组件及各种微波元器件,这就要求用监测设备对它们的工作进行定期或动态性监测,因此,多路信号的幅度和相位监测分系统是必不可少的。

2.4　雷达距离方程

雷达距离方程具有重要作用,除用于计算作用距离外,还用来表达雷达各分系统指标对雷达系统性能的影响。由于噪声、杂波和电子干扰等背景环境的特性不同,以及雷达具有搜索与跟踪等不同状态,雷达距离方程也不同,即不同的工作环境下,雷达距离方程的形式不同,而且在不同任务要求下,可采用不同的发射波形和照射脉冲数,其作用距离也不同。关于雷达距离方程(简称为雷达方程),更详细的论述见文献[26]。

2.4.1　雷达视线距离

若目标飞行高度低,受地球曲率的影响,地基雷达很难在较远的距离就发现目标。雷达视线距离为

$$R_{\mathrm{L}} = 3.57\sqrt{k}\left(\sqrt{h_0} + \sqrt{h_{\mathrm{T}}}\right) \approx 4.12\left(\sqrt{h_0} + \sqrt{h_{\mathrm{T}}}\right)(\mathrm{km}) \qquad (2.9)$$

式中,k 为等效地球半径系数,一般为 $4/3$;h_0 为雷达天线离地面高度(m);h_{T} 为目标离地面高度(m)。

2.4.2　噪声环境下的雷达方程

雷达接收机噪声的来源主要分为两种,即内部噪声和外部噪声。内部噪声主要由接收机中的馈线、高频放大器或混频器等产生。接收机内部噪声在时间上是连续的,而振幅和相位是随机的,通常称为起伏噪声。外部噪声是由雷达天线进入接收机的各种人为干扰、天电干扰、工业干扰、宇宙干扰和天线热噪声等,其中以天线热噪声影响最大,天线热噪声也是一种起伏噪声。

雷达的最大探测距离为

$$R_{\max}^4 = \frac{P_t G_t G_r \lambda^2 \sigma}{(4\pi)^3 L_s S_{i,\min}} \tag{2.10}$$

式中,P_t 为雷达发射机峰值功率;G_t 为发射天线增益;G_r 为接收天线增益;λ 为工作波长;σ 为目标 RCS;L_s 为雷达系统(包括发射天线馈线)损耗;$S_{i,\min}$ 为接收机灵敏度。

噪声总是伴随微弱信号出现的,要能够检测信号,微弱信号的功率应大于噪声功率或可以与噪声功率相比。根据雷达接收理论,接收机灵敏度表示接收机接收微弱信号的能力,用接收机输入端的最小可检测信号功率来表示,表达式为

$$S_{i,\min} = k T_e B (S/N)_{\min} \tag{2.11}$$

其中,$k = 1.38 \times 10^{-23}$ J/K 为波耳兹曼常数;T_e 为接收系统的噪声温度,$T_e = T_A + (L_r F_n - 1) T_0$,可化为 $T_e \approx (F_n - 1) T_0$,其中 T_A 为天线噪声温度;T_0 为室温,290 K 表示室温条件;L_r 为接收天线及馈线损耗;F_n 为接收机噪声系数;B 为信号带宽;$(S/N)_{\min}$ 为检测信号所需的最小信噪比。

将式(2.11)代入式(2.10),令 $G_t = G_r = G$,得到常用脉冲雷达作用距离的表达式为

$$R_{\max}^4 = \frac{P_t G^2 \lambda^2 \sigma}{(4\pi)^3 k T_e B (S/N)_{\min} L_s} \tag{2.12}$$

或者写为

$$R^4 = \frac{P_t G^2 \lambda^2 \sigma}{(4\pi)^3 k T_e B (S/N)_i L_s} \tag{2.13}$$

式中,$(S/N)_i$ 为输入信噪比(Signal-to-Noise Ratio,SNR)。

令 τ 为脉冲宽度,B 为带宽,对于 $\tau B > 1$ 的雷达,当雷达接收系统与该信号相匹配时,由匹配滤波器理论可知,匹配滤波器接收系统的信噪比增益为

$$\frac{(S/N)_o}{(S/N)_i} = \tau B = D \tag{2.14}$$

式中,$(S/N)_o$ 为平均输出信噪比,$(S/N)_i$ 是匹配滤波器输入信噪比,D 为脉压比,则

$$\left(\frac{S}{N}\right)_i = \frac{1}{\tau B} \left(\frac{S}{N}\right)_o \tag{2.15}$$

将式(2.15)代入式(2.13),即可得单个脉冲信号的匹配滤波接收系统的雷达方程

$$R^4 = \frac{P_t \tau G^2 \lambda^2 \sigma}{(4\pi)^3 k T_e (S/N)_o L_s} \tag{2.16}$$

式中,信号能量为 $E_t = P_t \tau$,用能量表示的雷达方程适用于当雷达使用各种复杂脉压信号的情况。只要知道发射机峰值功率及发射脉冲宽度,就可以用来估算作用距离而不必考虑具体的波形参数。

● 2.4.3　地海杂波环境下的雷达方程

杂波是不需要的回波,通常来自大地、海洋、雨水或其他降水、箔条、飞鸟、昆虫、流星和极光。杂波分为表面杂波(陆地或海面)、体杂波(雨、云或箔条)或者点杂波(建筑物、鸟类或车辆)等。

海面物理形态复杂,与风向、风速、海床形态等均有关系,即便在同一级海况下,杂波回波也可能会有较大差别。海杂波后向散射系数是一个重要和基础的概念,与脉冲宽度、波束宽度、极化、频率、掠射角、表面粗糙度、海况、湿度、风向等诸多因素有关,很难建立确切的数学模型。文献[27]从时变海面电磁散射基本理论、海面后向散射调制特性及其统计模型、海面目标的电磁散射建模与散射机理分析等方面,对时变海面雷达目标散射现象进行建模、仿真和分析。文献[28]系统介绍了海杂波散射特性基本知识、海杂波信号检测和物理建模等基本理论,集中体现了作者多年研究成果。

同目标一样,在雷达分辨单元内的杂波一般包括许多随机分布的散射体,同时,散射体或雷达的运动也将引起回波振幅和相位的变化,从而杂波 RCS 也是一个随机变量。通常从散射强度、杂波回波的幅度分布及相关性等几个方面描述杂波统计特性。

杂波的散射强度以单位面积或单位体积的 RCS 表示,在杂波场景下,杂波散射强度非常大,噪声往往可以忽略。杂波的概率密度函数和数字特征是设计独立同分布杂波下似然比检测及恒虚警率(Constant False Alarm Rate,CFAR)检测器的基础。杂波回波信号在时间和空间上均具有一定的相关性。时间相关性或杂波功率谱是设计杂波抑制滤波器的基础,根据目标和杂波相关性的不同,其也用于目标的检测和辨识。

如果同一距离单元杂波的复随机向量 $v = [v_0, \cdots, v_{N-1}]^T$ 服从基于球不变随机过程(Spherically Invariant Random Process,SIRP)的联合概率分布模型,那么它可以表示为

$$v = z\tau \tag{2.17}$$

式中,$z = [z_0, \cdots, z_{N-1}]^T$ 称为散斑分量,是零均值复高斯随机向量,τ 称为纹理分量,是具有有限均方值的非负随机变量。由此,杂波可以完全由散斑分量的相关性和纹理分量的概率密度函数 $p_\tau(\tau)$ 来表征。

杂波序列的联合概率分布模型完全描述了杂波统计特性,广泛应用于高分辨下的雷达杂波建模[29]。当雷达分辨单元内存在多个相当的散射点时,杂波通常服从高斯分布,线性检波后服从 Rayleigh 分布,实际中非高斯分布更常见。各种分布条件下,如 Rayleigh 分布、Weibull 分布、Log-normal 分布和 K 分布等的联合概率密度函数表达式

可参考文献[31]。广义复合分布是在高分辨率情况下对 K 分布模型的推广。

利用 SIRP 方法产生 K 分布杂波的脉冲回波序列,仿真场景设置为:K 分布形状参数 $v=1$,尺度参数 $c=1$,脉冲重复频率为 1000 Hz,杂波功率谱密度采用高斯模型,其 3 dB 带宽 σ_f 为 50 Hz。某次仿真产生的 500 个杂波回波采样的实部和虚部及其功率谱、时间自相关函数如图 2-14 所示。

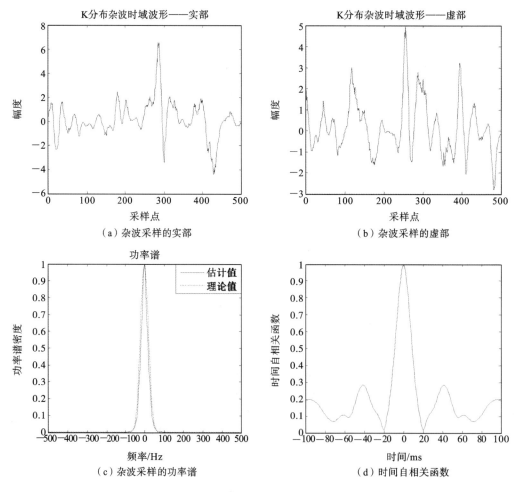

图 2-14　仿真的杂波采样及其功率谱

由图 2-14 可见,在较短的时间内,杂波序列具有较强的相关性,在对目标进行相参积累的同时,杂波也将相参积累;长时间看,杂波序列的平均功率随着时间的变化起伏,起伏的均值(即纹理分量)服从广义 Chi 分布。利用 Burg 方法估计杂波序列的功率谱,图 2-14(c)给出了杂波序列的功率谱与理论的功率谱曲线,从功率谱可见,回波功率主要集中在零频,为杂波抑制提供了可能。仿真杂波序列的时间自相关函数如图 2-14(d)所示,相关时间约 20 ms,由于脉冲重复频率为 1000 Hz,可知相邻的约 20 个采样是相关的,相关时间与 σ_f 成反比。

当回波来自于面杂波时,杂波 RCS 为 $\sigma_c = \sigma^0 A_c$,其中 σ^0 为后向散射系数,即单位面积的 RCS,为一个无量纲的数,A_c 为雷达分辨单元的面积。雷达站参数与面杂波面积的关系示意图如图 2-15 所示,可见

$$A_c = R\theta_b (c\tau_0/2)\sec\psi \tag{2.18}$$

式中,R 为雷达到杂波的距离,θ_b 是方位波束宽度,c 是电磁波传播速度,τ_0 是脉冲宽度。如果采用脉冲压缩,脉冲宽度 τ_0 等于压缩后的脉冲宽度,ψ 是掠射角,可表示为

$$\psi \approx \arcsin\left(\frac{h_a}{R} + \frac{R}{2a_e}\right) \quad (h_a \leqslant a_e) \tag{2.19}$$

式中,h_a 为天线高度,a_e 为标准大气折射条件下的等效地球半径,约为 8500 km。

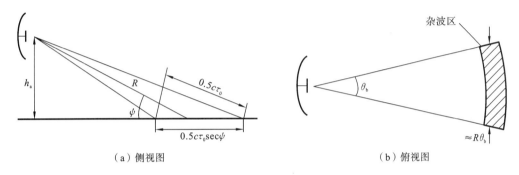

（a）侧视图　　　　　　　　　　　　　（b）俯视图

图 2-15　雷达站参数与面杂波面积的关系示意图

杂波会干扰雷达接收目标信号,干扰程度可以通过接收的信号功率与杂波功率之比(信杂比)来描述。信杂比取决于目标雷达截面积、杂波反射面积、杂波散射系数和雷达采用的杂波抑制技术,信杂比与雷达灵敏度无关。

利用杂波中目标检测的雷达方程可以计算不同距离上输入到检测系统的信杂比(Signal-to-Clutter Ratio,SCR),即

$$\frac{S}{C} = \frac{\sigma_t}{\sigma^0 A_c} = \frac{\sigma_t}{\sigma^0 R\theta_b (c\tau_0/2)\sec\psi} \tag{2.20}$$

式中,σ_t 为目标 RCS。

根据某种检测算法对应的检测性能曲线,在给定某个虚警概率、检测概率条件下,可得到最小可分辨的信杂比,记为 $(S/C)_{\min}$,由式(2-20)可知在面杂波环境下,最大作用距离为

$$R_{\max} = \frac{\sigma_t}{(S/C)_{\min}\sigma^0\theta_b(c\tau_0/2)\sec\psi} \tag{2.21}$$

因为杂波主要是由雷达分辨单元中的散射点产生,因此通过提高雷达角分辨率和距离分辨率可降低雷达杂波。此外,杂波抑制技术还包括动目标显示、脉冲多普勒处理、极化处理等,通常杂波抑制后的杂波剩余仍然较为严重,典型的杂波抑制比为 20～40 dB。当计算雷达检测和测量性能时,信噪比可用杂波抑制后的信杂比来代替。

2.4.4 箔条杂波环境下的雷达方程

在弹道飞行中段,可以抛洒多个箔条云团,屏蔽弹头目标,并与弹头目标高速伴飞,使雷达难以及时发现弹头存在。箔条干扰由很多小的分布在目标周围的箔条产生。箔条干扰是指投放能够强烈散射、反射电磁波的金属箔条、丝或镀覆金属薄片,削弱或破坏敌方雷达使用效能的无源干扰。

在空中或大气层外大量投放箔条,散开后形成的群体云状物,称为箔条云,可对雷达造成干扰。箔条干扰经常由与雷达频率共振的偶极子来实现。偶极子长度为 $\lambda/2$,全方位的 RCS 平均值为 $0.15\lambda^2$。n_c 个偶极子总的 RCS 为[32]

$$\sigma_c = 0.15 n_c \lambda^2 \qquad (2.22)$$

根据经验,箔条散开之后,对雷达极化并不十分敏感,铝箔条 RCS 与重量相关,即

$$\sigma_c = 22000 \lambda W_c \qquad (2.23)$$

式中,W_c 为总的箔条重量,单位为 kg;λ 为波长,单位为 m。

偶极子反射回波信号可覆盖雷达发射信号 10% 的带宽。当雷达带宽较大或雷达信号覆盖多个频段时,箔条干扰需要使用多种长度的箔条。

与目标处于同一距离和同一角度分辨单元的箔条回波与目标信号叠加在一起,从而形成箔条干扰。箔条是一种较为典型的体杂波,雷达距离角度分辨单元内的箔条体积 V_c 为

$$V_c = \frac{\pi R^2 \cdot \Delta\phi_{0.5} \cdot \Delta\theta_{0.5} \cdot \Delta R}{4} \qquad (2.24)$$

式中,R 为目标距离;$\Delta\phi_{0.5}$ 和 $\Delta\theta_{0.5}$ 分别为雷达方位和俯仰波束宽度,单位为弧度(rad);ΔR 为距离分辨率。式(2.24)成立的前提是箔条充满了整个雷达分辨单元,当该前提不成立时,则需要根据实际情况计算在分辨单元内的箔条体积。

假定箔条释放后在体积 V_T 中均匀分布,则雷达距离角度分辨单元内箔条的 RCS 为

$$\sigma_\Delta = \eta \cdot \frac{V_c}{L_{BS}} = \frac{\sigma_c}{V_T} \cdot \frac{V_c}{L_{BS}} \qquad (2.25)$$

式中,$\eta = \sigma_c/V_T$ 为以单位体积 RCS 为计量单位的雷达反射率,L_{BS} 为箔条的波束形状损耗,$L_{BS} \approx 1.4 \sim 2.1$[29][71]。当箔条杂波的 RCS 远大于接收机噪声时,弹头目标的信杂比为

$$\frac{S}{C} = \frac{\sigma_t}{\sigma_\Delta} = \frac{\sigma_t V_T L_{BS}}{\sigma_c V_c} = \frac{4\sigma_t V_T L_{BS}}{\sigma_c \pi R^2 \cdot \Delta\phi_{0.5} \cdot \Delta\theta_{0.5} \cdot \Delta R} \qquad (2.26)$$

式中,σ_t 为目标 RCS。

在给定某个虚警概率、检测概率条件下,可得到最小可分辨的信杂比,记为 $(S/C)_{min}$,箔条环境下,最大作用距离为

$$R_{max} = \sqrt{\frac{4\sigma_t V_T L_{BS}}{(S/C)_{min} \sigma_c \pi \cdot \Delta\phi_{0.5} \cdot \Delta\theta_{0.5} \cdot \Delta R}} \qquad (2.27)$$

2.4.5　电子干扰环境下的雷达方程

电子干扰是指利用干扰设备发射干扰电磁波或利用能反射、散射、衰减及吸波的材料反射或衰减雷达波,从而扰乱敌方雷达的正常工作或降低雷达的效能。本书主要讨论有源电子干扰。有源电子干扰是干扰设备在雷达接收频段周期性发射的干扰信号,主要目的在于遮盖雷达信号(如噪声干扰),或伪装雷达信号(如转发式干扰)。

根据干扰信号进入雷达的方式不同,在压制式干扰条件下,可以写出两种距离方程:干扰信号从雷达天线副瓣进入,即支援干扰时的雷达方程。干扰信号从雷达天线主瓣进入,即自卫干扰时的距离方程。干扰方程可为抗干扰提供一些有效的战术技术途径。

设雷达、目标和干扰机空间位置关系如图 2-16 所示。雷达以天线主瓣指向目标,干扰机以干扰天线主瓣指向雷达。远距离支援干扰情况下,通常干扰机和被保护目标不在一起,干扰能量将从雷达天线副瓣进入雷达。自卫干扰时,干扰机载体即为雷达的探测目标,干扰信号能量从雷达天线主瓣进入。

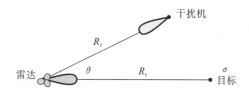

图 2-16　雷达、目标和干扰机空间位置关系

干扰情况下,雷达将同时收到两个信号:目标的回波信号和干扰机发射的干扰信号。雷达接收到的目标回波信号功率为

$$P_{RT} = \frac{P_t G_t^2 \lambda^2 \sigma}{(4\pi)^3 R_t^4} \tag{2.28}$$

式中,P_t 为雷达发射机峰值功率;G_t 为发射天线增益;λ 为工作波长;σ 为目标 RCS;R_t 为目标至雷达的距离。

雷达接收到的干扰信号功率为

$$P'_{RJ} = \frac{P_J G_J G_t(\theta) \lambda^2 \gamma_J}{(4\pi)^2 R_J^2} \tag{2.29}$$

式中,P_J 为干扰发射功率;G_J 为干扰天线增益;$G_t(\theta)$ 为雷达天线在干扰方向上的增益;R_J 为干扰机至雷达的距离;γ_J 为干扰信号对雷达天线的极化损失因子,通常干扰信号为圆极化,雷达天线为线极化,取为 0.5。

另外,由于干扰带宽 B_J 总要比雷达接收机的等效带宽 B_n 大,因此总有一部分干扰信号不能通过雷达接收机。如果雷达接收机具有矩形频率响应,且干扰信号的功率谱呈均匀分布,则实际能进入雷达接收机的功率为

$$P_{RJ} = P'_{RJ} \cdot \frac{B_n}{B_j}$$

雷达接收机输入端的干扰功率与回波信号功率比为

$$\frac{J}{S} = \frac{P_{RJ}}{P_{RT}} = \frac{P_J G_J G_t(\theta) 4\pi \gamma_J R_t^4}{P_t G_t^2 \sigma R_J^2} \cdot \frac{B_n}{B_j} \tag{2.30}$$

整理后,可得到干扰条件下的雷达作用距离为

$$R_t^4 = \frac{P_t G_t^2 \sigma R_J^2}{P_J G_J G_t(\theta)\left(\dfrac{S}{J}\right)4\pi\gamma_J} \cdot \frac{B_j}{B_n} \tag{2.31}$$

自卫干扰(主瓣干扰)条件下,干扰机就安装在目标上,

$$\begin{cases} G_t(\theta) \equiv G_t \\ R_t \equiv R_J \end{cases}$$

可得雷达作用距离为

$$R_t = \left[\frac{P_t G_t \sigma}{P_J G_J \dfrac{S}{J} 4\pi\gamma_J} \cdot \frac{B_j}{B_n} \right]^{\frac{1}{2}} \tag{2.32}$$

● 2.4.6 相控阵雷达的搜索距离方程

搜索距离方程是基本雷达方程的变形。与机械扫描雷达不同,相控阵雷达要完成多种功能和跟踪多批目标,需要用搜索作用距离和跟踪作用距离分别描述雷达在搜索与跟踪状态下的性能。

相控阵雷达的首要任务是连续扫描特定空域来搜索感兴趣的目标,基于相控阵天线波束扫描的灵活性,可在不同搜索空域内灵活采用不同信号,因此,可得出不同的搜索距离。

下面着重讨论影响相控阵雷达搜索作用距离的一些主要因素及其表达式[16][26]。对于一个功率孔径积和检测性能已知的雷达,预定搜索空域大小和允许的搜索时间是影响相控阵雷达搜索作用距离的两个主要因素。

2.4.6.1 由搜索空域及搜索时间表达的搜索距离方程

当相控阵雷达处于搜索状态时,设它应完成的搜索空域的立体角为 Ω,雷达天线波束宽度的立体角为 $\Delta\Omega$,单位均为立体弧度,发射天线波束在每一个波束位置的驻留时间为 t_{dw},则搜索完整个空域所需的时间即搜索时间为

$$T_s = \frac{\Omega}{\Delta\Omega} t_{dw} \approx \frac{\phi_r \theta_r}{\Delta\phi_{0.5} \cdot \Delta\theta_{0.5}} t_{dw} \tag{2.33}$$

式中,对于小的搜索空域,$\Omega \approx \phi_r \theta_r$,$\phi_r$ 和 θ_r 分别为方位和俯仰搜索空域范围;$\Delta\Omega = \Delta\phi_{0.5} \cdot \Delta\theta_{0.5}$,$\Delta\phi_{0.5}$ 和 $\Delta\theta_{0.5}$ 分别为方位和俯仰波束宽度;对于大的搜索空间,Ω 的公式见式(5.4)。可见,若维持搜索空域 Ω 大小不变,则搜索时间 T_s 与驻留时间 t_{dw} 成正比,当 T_s 减

少时,那么 t_{dw} 减少,会导致检测性能下降;当 T_s 增大时,那么 t_{dw} 增大,会改善检测性能。若保持 T_s 不变,则 Ω 与 t_{dw} 成反比,可得到类似结论。

考虑到发射天线增益 G_t 可用波束宽度的立体角 $\Delta\Omega$ 来表示,并将式(2.33)代入,可得

$$G_t = \frac{4\pi}{\Delta\Omega} = \frac{4\pi}{\Omega} \cdot \frac{T_s}{t_{dw}} \tag{2.34}$$

接收天线增益 G_r 与天线面积 A_r 的关系为

$$G_r = \frac{4\pi A_r}{\lambda^2} \tag{2.35}$$

对脉冲雷达来说,波束驻留时间为

$$t_{dw} = n_s T_r \tag{2.36}$$

式中, n_s 为天线波束在该波束位置照射的脉冲数目, T_r 为脉冲重复周期(Pulse Repetition Interval,PRI)。

n_s 个脉冲经脉冲压缩滤波器处理后,输出信噪比 $(S/N)_{n,o}$ 为 n_s 个脉冲信号的总能量 E 除以单位带宽的噪声能量 N_0,即

$$\left(\frac{S}{N}\right)_{n,o} = \frac{E}{N_0} = n_s\left(\frac{S}{N}\right)_i D = n_s\left(\frac{S}{N}\right)_i \tau B \tag{2.37}$$

式中, $(S/N)_i$ 是单个脉冲匹配滤波器输入信噪比, D 为脉压比, $D = \tau B$, τ 为脉冲宽度, B 为带宽。

根据发射机峰值功率 P_t 和平均功率 P_{av} 的关系,有

$$P_{av} = \frac{P_t \tau}{T_r} \tag{2.38}$$

为方便起见,将脉冲雷达作用距离的表达式即式(2.13)改写为

$$R^4 = \frac{P_t G^2 \lambda^2 \sigma}{(4\pi)^3 k T_e B (S/N)_i L_s} = \frac{P_t \lambda^2 \sigma}{(4\pi)^3 k T_e B (S/N)_i L_s} G_t \cdot G_r \tag{2.39}$$

将式(2.34)~式(2.38)代入式(2.39)可得

$$\begin{aligned}
R^4 &= \frac{P_t \lambda^2 \sigma}{(4\pi)^3 k T_e B (S/N)_i L_s} \cdot \frac{4\pi}{\Omega} \cdot \frac{T_s}{t_{dw}} \cdot \frac{4\pi A_r}{\lambda^2} \\
&= \frac{P_t A_r \sigma}{4\pi k T_e B \cdot \dfrac{(S/N)_{n,o}}{n_s \tau B} \cdot L_s \cdot n_s T_r} \cdot \frac{T_s}{\Omega} \\
&= \frac{P_t \tau A_r \sigma}{4\pi k T_e \cdot (S/N)_{n,o} \cdot L_s \cdot T_r} \cdot \frac{T_s}{\Omega} \\
&= \frac{(P_t \tau / T_r) A_r \sigma}{4\pi k T_e (S/N)_{n,o} L_s} \cdot \frac{T_s}{\Omega} \\
&= \frac{P_{av} A_r \sigma}{4\pi k T_e (S/N)_{n,o} L_s} \cdot \frac{T_s}{\Omega}
\end{aligned} \tag{2.40}$$

式中, P_{av} 为雷达平均功率; A_r 为雷达接收孔径面积; σ 为目标截面积; $k = 1.38\times10^{-23}$ J/K 为波耳兹曼常数; T_e 为接收系统的噪声温度, $T_e = T_A + (L_r F_n - 1)T_0 \approx (F_n - 1)T_0$,其中, T_A 为天线噪声温度, T_0 为室温(290 K 表示室温条件), L_r 为接收天线及馈线损耗,

F_n 为接收机噪声系数；L_s 为雷达系统损耗，包括传输损耗和处理损耗；$(S/N)_{n,o}$ 为 n_s 个脉冲经脉冲压缩滤波器后的输出信噪比；T_s 为空域搜索时间；Ω 为搜索空域，单位为立体弧度。

可知，雷达搜索时的最大作用距离在理论上与雷达功率孔径积 $P_{av}A_r$ 及搜索时间 T_s 成正比，与搜索空域 Ω 成反比。根据目标特性和对雷达作用距离的需求，可改变方位与俯仰搜索空域范围，通过缩小搜索空域增加雷达作用距离。

2.4.6.2 由波束驻留时间直接表达的搜索距离方程

为便于进一步阐明雷达搜索距离与相控阵雷达搜索工作方式的有关控制参数之间的关系，可在搜索距离方程中将波束驻留时间的影响直接表达出来。

将式(2.35)、式(2.37)和式(2.38)代入式(2.39)，可得

$$
\begin{aligned}
R^4 &= \frac{P_t\lambda^2\sigma}{(4\pi)^3 k T_e B (S/N)_i L_s} G_t \cdot G_r \\[2mm]
&= \frac{\dfrac{P_{av}T_r}{\tau}\lambda^2\sigma}{(4\pi)^3 k T_e B \dfrac{(S/N)_{n,o}}{n_s\tau B} L_s} G_t \cdot \frac{4\pi A_r}{\lambda^2} \\[2mm]
&= \frac{P_{av}A_r G_t\sigma}{(4\pi)^2 k T_e (S/N)_{n,o} L_s} \cdot n_s T_r
\end{aligned}
\tag{2.41}
$$

式(2.41)给出了由波束驻留时间($t_{dw} = n_s T_r$)直接表达的搜索距离方程，同时它也是相控阵雷达跟踪距离方程的表达式。

由搜索距离方程式(2.40)和跟踪距离方程式(2.41)可知，将要求的雷达作用距离也作为一个可调节参数时，搜索与跟踪工作方式中其他的控制参数便可作相应调整，这将有利于提高雷达工作的自适应性，改善雷达总的性能。

另外可知，假设收发共用一个天线阵面，且发射接收增益相等，由式(2.34)和式(2.35)，可得

$$
\Omega = \frac{T_s\lambda^2}{A_r t_{dw}}
\tag{2.42}
$$

由式(2.42)可知搜索空域 Ω 与搜索时间 T_s、波长平方 λ^2、孔径面积 A_r、驻留时间 t_{dw} 等参数的关系。需要注意的是，在搜索时间 T_s 和搜索空域 Ω 一定的条件下，波束驻留时间($n_s T_r$)是受到严格限制的。

2.5　小　结

弹道导弹突防措施快速发展，以及雷达基础技术特别是相控阵技术的进步，促进了反导预警雷达技术体制不断向前发展，而且性能指标越来越高。反导预警雷达逐步具备多任务、多功能，功能不断扩展，能实现对目标的搜索截获、精密跟踪、分类识别和武器制

导,并将具备侦察、对抗、通信等功能。

雷达距离方程是雷达系统设计与性能分析的重要工具。在不同的环境中,如噪声、杂波或电子干扰等,雷达探测目标的方法不同,雷达距离方程也不同。根据搜索雷达方程可知,搜索空域和搜索时间是影响相控阵雷达搜索作用距离的两个主要因素,反导预警雷达可在不同搜索空域内灵活采用不同信号或驻留脉冲数,以获得不同的作用距离。

思 考 题

2-1　反导预警雷达的发展概况和趋势是怎样的?

2-2　数字阵列雷达与传统相控阵雷达的区别是什么?

2-3　画出反导预警雷达系统信号流程图,并简述各分系统的功能。

2-4　简述不同工作环境下雷达距离方程的适用条件。

2-5　推导搜索距离方程的表达式。

2-6　影响雷达探测距离的主要因素有哪些?

2-7　Global Mapper 软件是一款地图绘制软件,可用于编辑、转换各类地图图形文件(光栅地图、高程地图、矢量地图),可通过地表数据进行轮廓生成,并可利用数据的地理信息系统(GIS)功能。借助 Global Mapper 软件进行仿真实验,绘制雷达部署位置、探测距离、地形地貌、大气折射、目标高度和目标 RCS 等综合因素影响之下的雷达威力范围。

2-8　已知雷达探测数据和真值数据,如何利用 Matlab 软件的插值函数、误差分析函数,计算雷达测量精度?

第3章

信号处理

反导预警雷达信号处理的任务包括在噪声、杂波、电子干扰环境下检测目标,并测量出目标的参数,如位置和速度等,还要从回波中提取目标的特征参数,而且可测量的特征参数类型日益丰富。弹道导弹突防场景下主瓣电子干扰、箔条等突防措施使雷达工作的电磁环境越来越复杂,而且,弹头隐身能力越来越强,对雷达的目标检测能力带来了严峻的挑战。信号处理分系统采用了多种先进的信号处理技术,本章首先介绍信号处理技术的概念和功能流程,由于信号处理技术涵盖面广,这里抛砖引玉,简要介绍几种在应用中快速发展的信号处理技术,然后重点阐述目标检测、参数测量、抗干扰等常用关键技术的功能和原理。

3.1 信号处理技术

雷达信号处理是指对观测到的信号进行分析、变换、综合等处理,以最大限度地抑制噪声、干扰、杂波等非期望信号,增强有用信号,并估计有用信号的特征参数,提取与目标属性有关的信息。狭义上讲,雷达信号处理主要包括目标检测、干扰抑制和信息提取等;广义上讲,雷达信号处理涉及信号产生、信号提取、信号存储、信号变换、天线和终端之间的电路装置等。

反导预警雷达信号处理功能框图如图 3-1 所示[16][33]。图中,信号处理分系统主要包括窄带处理通道和宽带处理通道两部分。窄带处理时,接收数字阵列处理分系统送来的和、方位差、俯仰差、匿影等多路窄带数据,主要完成抗窄脉冲干扰、数字脉冲压缩、目标检测、目标提取等功能,将目标点迹数据送数据处理分系统。宽带处理时,接收宽带接收分系统送来的和、方位差、俯仰差等多路宽带数据,主要完成通道补偿、速度补偿、脉冲压缩、宽带目标检测、目标提取等功能,将目标点迹数据送数据处理分系统。而且,信号处理分系统还对所关注的目标提取目标微动、极化、一维距离像、二维距离像等目标特征数据送目标识别分系统和显示控制分系统。

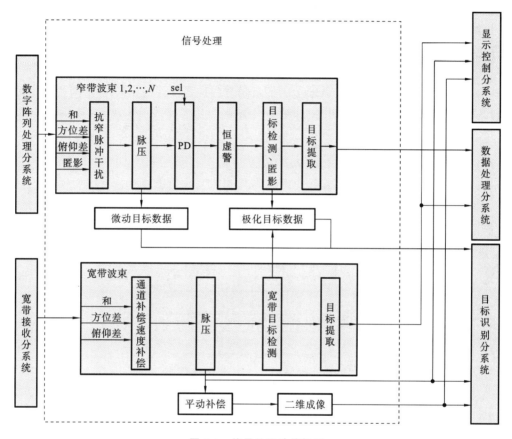

图 3-1　信号处理功能框图

雷达信号处理技术吸收了从通信、声呐到图像处理等不同信号处理领域内的很多技术和概念。例如,线性滤波和基于统计的检测理论是目标检测的核心理论;快速傅里叶变换(Fast Fourier Transformation,FFT)技术在雷达信号处理中被广泛应用于匹配滤波、多普勒谱估计和成像中;现代谱估计方法被应用于雷达中实现波束形成和干扰抑制。

随着大规模集成电路技术、高速并行处理及各种先进算法的快速发展,相控阵雷达信号处理的特点充分发挥了出来,信号处理性能不断提高。为满足多种功能和高性能的要求,反导预警雷达同时采用了数字波束形成、大时宽带宽信号的脉冲压缩、脉冲多普勒、信号检测、单脉冲技术、抗干扰处理、雷达成像等先进信号处理技术[34],涵盖面广,算法复杂。本书很难面面俱到,这里仅简要介绍数字波束形成、宽带成像、认知探测、多域联合处理等几种在应用中快速发展的信号处理技术,希望它们有助于增强对反导预警雷达探测技术的认识,对其他内容感兴趣的读者可参考文献[13][33][35]。

3.1.1　数字波束形成

20 世纪 80 年代出现了数字波束形成(DBF)技术,它将各个天线单元的接收信号变成数字信号,保存信号的幅度和相位信息,可在计算机中进行空间滤波处理。DBF 的原理框图如图 3-2 所示,设有 N 个阵元,与之对应的有 N 路接收通道,各通道信号经过模数变换之后成为数字信号,便于进行 DBF 处理;θ 为回波信号指向各阵元的方向角;d 为相邻阵元间距。通过改变权值,即通过对移相器、衰减器的控制,可以形成指向各个方向的接收波束。

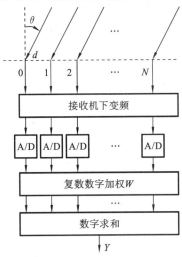

图 3-2　接收 DBF 的原理框图

DBF 技术对挖掘相控阵雷达的潜能有重大作用,其优点表现在[46]:

(1) 能同时形成多个接收波束,给雷达系统提供了多通道处理的能力;

(2) 可以实现超低副瓣、自适应置零等,大大提高了雷达的抗干扰能力;

(3) 易于实现单脉冲测角,提高角度分辨率;

(4) 故障弱化,当一个通道出现故障时,剔除故障通道参与波束形成;

(5) 天线波束指向和天线波束形状可快速变化,便于进行灵活的雷达资源管理。

在系统实现时,可在天线单元层面上直接进行 DBF 或分级进行 DBF,这样设备量和计算量很大。也可以将若干个天线单元构成一个子天线阵,在子天线阵层面上实现DBF。通过将大型天线阵面分割成若干子阵,每一子阵接入一个通道接收机,以损失一些目标回波信息为代价,可以大大减少设备量和计算量。

3.1.2　大时宽带宽信号的脉冲压缩

相控阵雷达进行搜索时,主要采用大时宽脉冲信号波形。在跟踪和识别时,脉冲信号的脉冲宽度和带宽均较宽,以保证较大的发射功率和高分辨率,瞬时带宽从几兆赫兹到几百兆赫兹,甚至更宽。

采用大时宽带宽信号的优点主要有:

(1) 有利于发挥 TR 组件的潜力,提高发射机平均功率,实现远距离探测;

(2) 缩短搜索时间,提高跟踪数据率。

反导预警雷达以搜索加跟踪(TAS)的工作方式探测目标,必须高效利用时间资源。只有采用大时宽脉冲信号,才便于只用一个或很少几个脉冲信号,就能完成搜索与多批目标跟踪的任务。

线性调频信号和频率步进信号是两种典型的大时宽带宽信号。线性调频信号(Linear Frequency Modulated,LFM),国外又将这种信号称为 Chirp 信号,对线性调频信号的脉冲压缩或一维距离成像处理,可以用匹配滤波、解线频调(Dechirping)、全去斜率接收(Stretch)等方法。

Stretch 处理通常用于处理带宽很宽的 LFM 信号,能有效降低系统对硬件部分的要求,大大降低系统采样率,Stretch 处理框图如图 3-3 所示[36][37]。

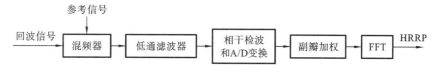

图 3-3 Stretch 处理框图

Stretch 处理的步骤主要为:首先雷达回波信号与一个发射波形的副本(参考信号)混频,随后进行低通滤波、相干检波和模数(A/D)变换,最后采用一组窄带滤波器(FFT)以提取与目标距离成正比的频率信息,利用距离和频率的对应关系可获得一维高分辨距离像(High Resolution Range Profile,HRRP)。

图 3-3 中混频器的输出为一单频信号,其频率与时延成比例。Stretch 处理有效地将目标距离对应的时延转换成了频率。为获得参考时延,需对目标进行跟踪,通常采用宽、窄带分时工作的方式。具体来说,根据雷达调度的安排,在不同时刻分别发射窄带信号和宽带信号,采用窄带信号对目标跟踪,获得参考时延,发射宽带信号对目标成像。

宽、窄带脉冲分时工作示意图如图 3-4 所示,通常发射信号的脉冲宽度相同,但信号带宽不同。比如,窄带信号带宽为 10 MHz,宽带信号带宽为 1 GHz。

3.1.3 步进频率信号的合成处理

当使用 LFM 信号时,为了获得距离高分辨,需要较大的信号宽带,这对发射机性能提出了较高的要求,也增加了雷达系统的成本。步进频率信号由一组载频均匀步进的相参窄带脉冲组成,采用频率步进的方式来合成宽带信号,通过脉冲间的 IFFT 处理实现目

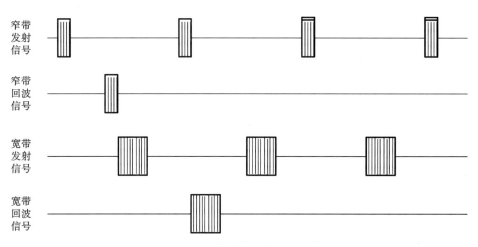

图 3-4　宽、窄带脉冲分时工作示意图

标的距离高分辨。步进频率信号的每个脉冲是窄带的,因此降低了接收机的瞬时带宽和A/D采样率要求,有利于工程实现。

步进频率信号的数学表达式为

$$s(t) = \sum_{n=0}^{N-1} u(t-nT_r)\exp\left[j2\pi(f_0+n\Delta f)t\right] \tag{3.1}$$

式中,N为脉冲序列中的步进脉冲数,T_r为脉冲重复周期,f_0为载频起始频率,Δf为频率步进阶梯,$u(t)$为脉冲信号,可以是简单谐波信号或线性调频信号,其表达式为

$$u(t)=\text{rect}\left(\frac{t}{T_0}\right) \quad 或 \quad u(t)=\text{rect}\left(\frac{t}{T_0}\right)\exp(j\pi\mu t^2)$$

式中,T_0为脉宽,μ为线性调频信号的调频率。

成像过程为:对接收到的步进频率回波信号,用一组与均匀步进载频相应的本振信号进行混频,混频后的零中频信号通过正交采样可得到一组目标回波的复采样值,对这组复采样信号进行离散傅里叶逆变换,则可得到目标的高分辨距离像。

经步进频率信号的合成处理,或称为脉冲压缩处理后,距离分辨率为

$$\Delta R = \frac{c}{2N\Delta f} \tag{3.2}$$

3.1.4　认知探测处理

反导预警雷达认知探测处理的基本概念是,针对集火突击、隐身、箔条、电子干扰等电磁环境,基于对目标、环境和雷达自身状态的感知,实现弹道导弹突防场景下目标精准探测的闭环处理,自适应选择目标探测所适合的波形、雷达工作参数和检测算法。

一种基于认知探测理论的目标检测功能框图如图3-5所示。当前探测区域的多通

道回波数据,经过最佳滤波处理后,获取目标和环境的特征信息,利用这些特征信息对发射信号波形进行优化设计和波形调度,并且辅助进行目标检测,从而提高雷达在复杂电磁环境下的目标检测性能。

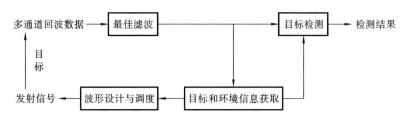

图 3-5   一种基于认知探测理论的目标检测功能框图

图 3-5 中,在目标和环境信息获取方面,利用雷达实时测量得到的回波数据,分析和提取目标、杂波和电子干扰的特征级数据。在波形设计与波形调度方面,根据波形设计准则,如信号模糊函数与目标和环境的特征信息匹配的准则、反干扰准则等,预先设计波形库,并在波形库中选择最优的发射波形及波形参数。所选择的发射波形不仅决定了信号处理的方法,而且直接影响雷达系统的分辨率、测量精度及杂波抑制能力。在目标检测方面,根据具体环境选择相应的目标检测算法,提高复杂环境下目标检测性能。

一种基于参数化设计的雷达认知探测处理架构示意图如图 3-6 所示。

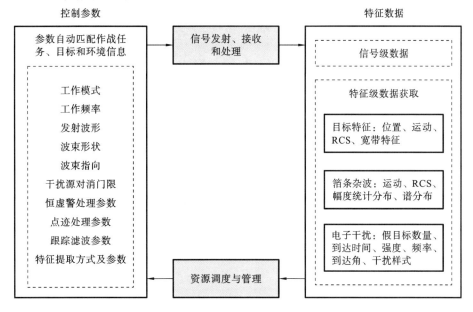

图 3-6   一种基于参数化设计的雷达认知探测处理架构示意图

在认知探测处理架构中,雷达对回波数据进行处理,获取目标、杂波和电子干扰的特征数据,实现对目标特征信息和电磁环境信息的感知,同时,雷达发射参数、信号处理和数据处理参数能够自动匹配作战任务、目标和环境信息。需要研究的关键技术问题包括目标特征信息提取、电磁环境信息的感知、雷达发射波形优化设计等。目标和环境信息的感知是实现雷达认知功能的基础,雷达发射波形优化设计是充分发挥认知雷达性能优势的关键,也是实现认知雷达闭环反馈调整的重要环节。

● 3.1.5 雷达发射波形优化设计

波形是对电磁波的参数化表征,描述电磁波在时域、频域、空域、编码域、极化域的变化规律。雷达波形的一般描述方程为

$$s(t) = \sum_{i=0}^{N} A_i \exp[j(2\pi f_i t + \varphi_i)] \text{rect}\left(\frac{t - T_i}{\tau_i}\right) P_i(t - T_i) \tag{3.3}$$

式中,N 为脉冲个数,A_i 为幅度,f_i 为载频,φ_i 为初相,τ_i 为脉冲宽度,T_i 为时延,$P_i(t)$ 为基带波形。根据调制方法的不同,典型的雷达波形信号通常有线性调频、非线性调频、相位编码、步进频率、复合调制等不同样式。

传统雷达波形的参数通常是固定不变的或者周期性地改变发射参数,不具有低截获特性,反侦察、抗干扰性能较差。新体制雷达波形是与目标和环境匹配的,并采用不同波形用于不同的探测场景,用来提取不同的信息,如位置、速度、目标特征信息等。通常,雷达发射波形优化设计是指根据探测场景、雷达操作、波形产生的可行性及后续信号处理难度等因素来设计相应的最优波形。在波形设计中,需要综合考虑的探测场景和雷达操作示例如表 3-1 所示。

表 3-1 波形设计需要综合考虑的探测场景和雷达操作示例

探 测 场 景		雷 达 操 作		
目标信息	工作环境	工作模式	工作方式	工作参数
观测时间	地形	飞机目标探测	搜索	分辨率
目标类型	天气	导弹目标探测	确认	发射功率
目标位置	噪声	隐身目标探测	跟踪	测量误差
目标航迹	杂波	空间目标探测	失跟处理	数据率
RCS	压制干扰	组合目标探测	成像	波形样式
目标威胁度	欺骗干扰		识别	驻留时间
信干噪比	复合干扰			波束形状

现代雷达工作在复杂电磁环境下,包括敌方释放的有源干扰、多种电子系统的同频干扰、杂波、无意干扰等,为了提高反侦察、抗干扰、分辨、识别等能力或者多种能力兼有,需要进行雷达发射波形优化设计。雷达发射波形优化设计能够建立起探测场景与雷达发射波形之间的联系,实现发射波形参数的自适应调整以获得对目标的最佳探测,可调整的波形参数包括脉冲重复周期、脉冲数、信号形式等。

雷达波形优化设计流程图如图 3-7 所示。通常根据不同探测场景和探测任务,选择

合适的优化设计准则和目标函数,对波形进行综合设计,提升雷达系统性能。早期雷达信号理论主要是在匹配滤波器理论和信号模糊函数理论的基础上,针对特定时延和频移范围内目标探测高分辨率要求,研究线性调频信号脉冲压缩及其降低副瓣的方法、最优相位编码理论等。随着雷达探测场景越来越复杂,探测任务越来越多样,当前常用的雷达波形优化设计准则有模糊函数准则、信息论准则、最大化信干比准则、最大化距离分辨性能准则、反干扰准则等。为了硬件上可实现,雷达信号设计需要满足一定的约束条件,常见的信号约束条件有能量约束、峰均比约束、恒包络约束、相似性约束等[39]。

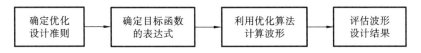

图 3-7　雷达波形优化设计流程图

雷达发射波形优化设计方法主要包括特征值法、注水法、搜索寻优法等。文献[38]面向成像任务,从脉间波形设计和脉内波形设计两个方面,介绍了几种发射波形优化方法及相应的目标认知成像方法。在干扰密布、频谱拥堵的工作场景,非连续谱信号在雷达反侦察、抗干扰、电磁频谱兼容等方面日益受到重视。非连续谱雷达信号是一种特殊的认知雷达信号,其频谱由多个离散的频带组成,且能够随着外界干扰的变化自适应地调整离散频带的分布结构。文献[39]综述了复杂电磁环境下非连续谱雷达信号设计准则与约束、工作频带选取与频谱赋形、时域信号波形合成等方面的研究。当前仍有较多问题需要研究,如复杂电磁环境的参数化建模或统计建模、需均衡考虑多个设计准则的波形设计、波形与不匹配滤波器的联合设计等。

3.1.6　多域联合处理

随着雷达性能不断提升及信号处理和目标识别技术快速发展,多域联合处理正逐渐引起人们的重视,它有助于准确获取目标的物理属性,增强目标和环境的区分性,是反干扰、杂波抑制、目标识别的有效途径。

当前,新型雷达能获得的目标与环境多域特征信号越来越丰富。具体地说,随着雷达在阵列天线、带宽、相参性、极化测量、波形多样性等方面的能力提升,观测空间的维度提升,以及雷达信号中蕴含的目标与环境信息不断增加,为获得多域特征信号提供了条件[40][41]。现代雷达已经尽量获得空域、时域、载频域、多普勒域、波形域、能量域、编码域、宽带高分辨、极化等多域信号。

需要攻克的关键技术主要包括复杂环境下多域特征提取、多域联合自适应处理技术、高维采样协方差矩阵估计及其降低维数处理、基于信息几何的非线性几何特征表征与提取等方面。作为课外知识,对信息几何的概念和应用感兴趣的读者可阅读附录 C 信息几何在信号与信息处理领域的应用和文献[42]~[45]。

3.2　目标检测技术

检测的首要任务是发现观测空域内是否存在感兴趣的目标。通常目标的回波信号中总是混杂着噪声、杂波和电子干扰,而噪声、杂波和电子干扰信号均具有随机特性,在这种条件下发现目标的问题属于信号检测的范畴。

在探测弹道导弹目标时,在密集目标场景下,背景噪声和杂波功率水平估计受邻近目标的影响,导致功率水平估计和最终判决门限偏高、目标漏检。必须综合采用快门限与慢门限处理、OS-CFAR、能量管理(改变波形、脉冲宽度和波束驻留时间等)、检测前跟踪等多种检测策略,以满足弹头目标的及时发现。

3.2.1　反导预警雷达目标检测的特点

反导预警雷达目标检测的特点,主要与以下三个因素有关[16]。

1. 相控阵天线的多通道特性

相控阵天线包括众多天线单元,连接多个发射通道和接收通道,多通道信号处理是相控阵雷达的一个重要特点。

当雷达处于发射状态时,雷达照射到目标的辐射信号是各个天线单元辐射信号的总和。利用发射多通道特性进行发射波束形成,可用于改变发射天线波束的指向与形状,以此改变雷达信号能量在不同空域的分配。

当雷达处于接收状态时,每一个天线单元通道与一路接收机相连,拥有一路信号处理设备。由于接收天线的多通道特性,改变各通道信号的权值,可以灵活改变天线波束的指向与形状,可以较方便地实现时间-空间二维信号处理,在计算机中进行数字波束形成(DBF)处理,提高抗杂波和抗干扰能力。

2. 天线波束指向可快速变化的能力

由于天线波束指向可快速变化,使雷达具有多种搜索工作方式,可灵活改变搜索空域的大小,选用多种信号波形,检测方法灵活且多样。反导预警雷达在实现信号检测上的灵活性主要反映在[16]:可将雷达搜索空域划分为多个子区域,每个子区域采用不同的空域大小、波形和波束驻留时间,从而可以灵活改变各子空域的搜索时间、作用距离和目标检测方法。

在搜索过程中,雷达搜索空域大小和搜索时间与雷达搜索作用距离有直接关系,请参考 2.4.6 节相控阵雷达的搜索距离方程,也必然会影响波束驻留时间 t_{dw} 和目标检测方法。比如,通过安排较短的搜索时间和搜索间隔时间,有利于进行航迹相关处理,有利于TBD 工程实现,请参考 3.2.3 节检测前跟踪处理。

雷达搜索空域通常以方位、俯仰搜索空域范围 ϕ_r、θ_r 及距离观察范围 R_s 来界定。

由式(2.33)可得搜索该空域所需的时间 T_s,即

$$T_s \approx \frac{\phi_r \theta_r}{\Delta\phi_{0.5} \cdot \Delta\theta_{0.5}} \cdot N_s T_r \tag{3.4}$$

式中,$\Delta\phi_{0.5}$ 和 $\Delta\theta_{0.5}$ 分别为方位和俯仰天线波束宽度;$t_{dw} = N_s T_r$ 为发射天线波束在每一个波束位置的平均驻留时间,其中 T_r 为雷达信号脉冲重复周期,N_s 为相关处理间隔(CPI)内的脉冲重复周期数。

由于反导预警雷达最大作用距离高达数千千米,无论在搜索状态还是跟踪状态,为保证必要的数据率,能用于观察一个方向的脉冲数目均是很少的,通常为 1～5 个脉冲。更为重要的是,反导预警雷达时间资源非常宝贵,为合理和节约使用时间资源,采用短驻留时间是这类相控阵雷达的一大特点。

集中能量工作方式,即"烧穿工作方式"的实现,可通过改变波束驻留时间 $N_s T_r$ 来实现,也可以通过改变每一脉冲重复周期内的信号脉冲宽度 τ 来实现。波束驻留时间 $N_s T_r$ 与信号脉冲宽度 τ 的改变,使雷达信号检测所需的匹配滤波器设计也相应改变。

3. 天线波束形状可快速变化的能力

相控阵天线波束形状是指波束宽度、主瓣形状的对称性、副瓣电平、副瓣位置、天线波束零点数目及副瓣电平的对称性等。天线波束形状示意图如图 3-8 所示。

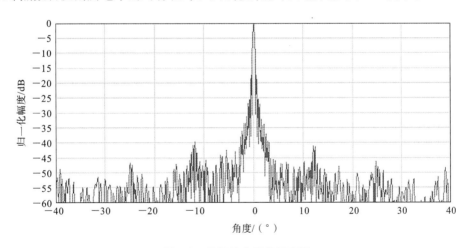

图 3-8　天线波束形状示意图

波束宽度变化可带来信号波形变化。相控阵天线波束展宽之后,虽然接收信号功率电平降低,但可以缩短整个空域的搜索时间,或者维持整个空域的搜索时间,增加波束驻留时间。增大驻留时间后,从而使信号波形获得灵活变化的可能性,可以采用高重复频率信号波形,通过多普勒处理实现运动目标信号检测。

改变天线波束形状可用于抑制杂波和有源电子干扰。可通过赋形波束,减少发射天

线波束对地、海面的照射强度,减少接收天线接收到的地、海面回波强度。可在干扰与杂波方向降低天线副瓣电平对信号检测的影响,可通过自适应副瓣对消,抑制若干个副瓣方向进入的有源电子干扰,自适应副瓣对消的原理请参考 3.4.3.4 节。

3.2.2 窄带通道目标检测的原理和流程

目标检测的主要功能是:对接收到的信号进行脉冲压缩,使其输出端信噪比最大;抑制无用噪声、杂波和干扰;然后通过门限检测设备去判定有无目标回波信号。

窄带通道目标检测的流程如图 3-9 所示,主要包括脉冲压缩、多普勒处理、CFAR 处理和副瓣匿影等,其中多普勒处理在低仰角目标检测时或杂波中目标检测时可选择,副瓣匿影的原理请参考 3.4.3.3 节。

图 3-9　窄带通道目标检测的流程

3.2.2.1　线性调频信号的脉冲压缩及距离-多普勒耦合效应

为了解决距离分辨率和作用距离之间的矛盾,雷达采用脉冲压缩技术。脉冲压缩技术通过发射具有脉内调制的宽脉冲以提高平均功率,获得远的作用距离,通过对接收回波进行脉冲压缩以获得窄脉冲和高的距离分辨率。令冲击响应为 $h(n)$,$0 \leq n \leq M-1$,频域脉压原理框图如图 3-10 所示。

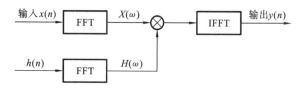

图 3-10　频域脉压原理框图

频域脉压技术采用快速傅里叶变换算法来实现离散傅里叶变换和反变换运算,速度快,处理效率高。雷达发射信号 $x(n)$ 的频谱为 $S(\omega)$,那么匹配滤波器的传递函数为 $H(\omega) = \text{conj}(S(\omega))$,则脉冲压缩的输出为

$$y(n) = x(n) * h(n) = \text{IFFT}\{\text{FFT}[x(n)] \cdot H(\omega)\} \tag{3.5}$$

经过脉冲压缩,输出信噪比与输入信噪比的比值为

$$\frac{\text{SNR}_\text{o}}{\text{SNR}_\text{i}} = D = B \cdot \tau \tag{3.6}$$

式中,D 为脉冲压缩比(简称脉压比),B 为带宽,τ 为脉宽。

脉冲压缩结果示意图如图 3-11 所示,脉冲压缩后输出的 sinc 脉冲副瓣较高,会在主瓣周围形成虚假目标,而且大目标的副瓣会掩盖相邻距离上小目标的主瓣,造成小目标丢失。

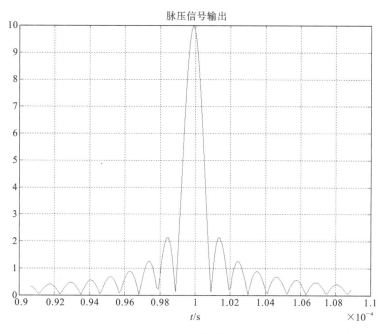

图 3-11 脉压结果示意图

为了获得较低的距离副瓣,可采用时域、频域加权等技术手段来抑制副瓣,如采用海明窗加权。加权在使副瓣得到抑制的同时,也会使输出信号包络主瓣降低、变宽,造成信噪比损失及距离分辨率变差。通常在副瓣抑制、主瓣展宽、信噪比损失、副瓣衰减速度及技术实现难易等几个方面折中考虑。

LFM 信号具有良好的距离分辨率和径向速度分辨率,脉冲压缩比通常大于 10^4,但测得的目标距离会偏移目标真实距离,偏移值与目标径向速度成正比,这称为距离-多普勒耦合,示意图如图 3-12 所示。当目标以径向速度 v_0 向雷达站运动时,由于多普勒频率的影响,雷达距离测量值比真实值偏小 Δr;反之,偏大。

图 3-12 距离-多普勒耦合效应示意图

对回波信号进行脉冲压缩处理,目标多普勒频率将会导致脉压后输出的信号发生时延。由 LFM 信号的模糊函数可知,模糊函数的峰值时延与多普勒频率成正比,时

延为[37]

$$\Delta t = \frac{-f_d(\tau - \tau_0)}{B} \approx \frac{-f_d\tau}{B} \qquad (3.7)$$

测得的目标距离与目标真实距离的偏移值为

$$\Delta r = \frac{c \cdot \Delta t}{2} \approx \frac{-\tau f_0 v_0}{B} \qquad (3.8)$$

式中：f_d 为目标多普勒频率，τ 为脉冲宽度，B 为信号带宽，τ_0 为脉压后信号的脉冲宽度，c 为光速，f_0 为雷达工作频率，v_0 为目标径向速度。可见，距离-多普勒耦合会影响雷达计算目标距离和进行多普勒估计的能力。

弹道导弹目标具有很高的速度，目标回波存在距离-多普勒耦合，为了提高雷达系统距离测量的精度，需要利用精确的速度信息进行修正；为了实现目标高分辨成像，需要利用精确的速度信息进行运动补偿。

临近空间高超声速目标在大气层中以大于 10 马赫的速度飞行时，在目标周围产生"等离子体鞘套"现象，"等离子体鞘套"具有 0 米/秒到几千米/秒的连续速度分量，由式 (3.8) 可知，LFM 信号脉冲压缩后回波扩展可达几千米至几十千米，使得常规 CFAR 检测方法难以检测和定位高超声速武器本体目标，这是当前相关研究领域中的难题之一。

3.2.2.2 多普勒处理与抗箔条干扰措施

为了进行自动目标检测，通常在频域上区分运动目标和杂波。多普勒处理的作用是基于运动目标和杂波在速度上的差别，区分运动目标和杂波，这一差别反映在回波中是它们具有不同的多普勒频率。多普勒信号处理主要有动目标显示（Moving Target Indicator，MTI）、动目标检测（Moving Target Detection，MTD）和脉冲多普勒（Pulsed Doppler，PD）等技术。

通过对目标的多次照射，可用快速傅里叶变换（FFT）技术或高分辨谱估计技术测量目标功率谱，多普勒频率测量范围取决于脉冲重复频率。若存在目标速度模糊问题，需要进行解模糊处理，计算出目标实际速度。

目标加杂波功率谱示意图如图 3-13 所示，通常杂波在零频附近，而目标多普勒远离零频。

在弹道飞行中段，可能抛撒多个箔条云团，由于箔条偶极子的数目众多，箔条回波将目标回波淹没，使雷达难以及时发现弹头的存在，而且箔条和弹头的运动速度、运动方向基本一致，很难使用 MTI 或脉冲多普勒处理抑制箔条干扰。

在大气层外，箔条释放后在空间逐渐分散开，箔条云的速度扩展与其散开机制相关，必须深入研究箔条云回波功率谱特性和时频特性，并且区分出弹头目标和箔条云回波径向速度的细微差异。因此，径向速度分辨率较高的波形可用于抑制箔条干扰，有利于进行箔条云中弹头目标检测[24]。

因为地、海、箔条杂波主要是由雷达分辨单元中的散射点产生，因此通过提高雷达角分辨率和距离分辨率可降低雷达杂波，分辨率大小可与目标尺寸相当，以使一个分辨单元内的信杂比最大。

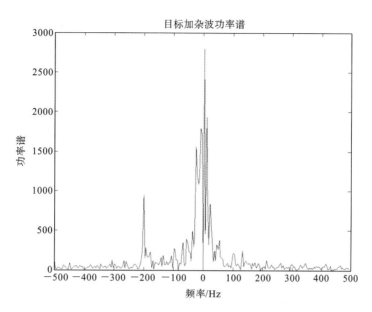

图 3-13　目标加杂波功率谱示意图

3.2.2.3　恒虚警率处理

雷达恒虚警率处理技术是在噪声和外界干扰强度变化时保持虚警概率恒定的技术。实际中,由于噪声、杂波功率可能随时间或空间变化,如果采用固定门限检测,将导致虚警概率增大或检测概率降低。即使杂波功率增加 $1\sim2$ dB,有可能导致虚警概率增加几个数量级,因此在实际的雷达信号处理中,在对目标信号积累后,都接有 CFAR 检测器[29]。CFAR 检测器能够在干扰环境(干扰、杂波或噪声)发生变化时,在保持虚警概率恒定的前提下,尽可能提高检测概率,使目标检测可靠。

检测门限的设置对雷达性能具有重要影响。如果检测门限较低,虚警增加会增加操作员的负担,导致雷达消耗额外的资源进行确认操作,可能导致跟踪系统因大量虚警过载,也可能向武器系统指示出错误的目标信息。如果噪声和杂波功率水平减小,而检测门限设置过高,不利于检测出微弱目标。

由于目标回波伴随有接收机噪声及地物、海面等产生的杂波信号,信号检测问题通常被描述为假设检验问题。统计检测的基本思想如下。

首先对观测样本提出假设,即 H_0(目标不存在),H_1(目标存在):

$$H_0:x=v$$
$$H_1:x=s+v$$

(3.9)

式中,x 为观测样本向量,s 为已知目标信号向量,v 为噪声向量。

然后从观测样本出发,制定检测准则。在雷达系统中,通常采用 Neyman-Pearson 准则,它既不要指定先验概率,也不需估计代价。该准则是在给定虚警概率的条件下,使检测概率最大导出检测模型。

最后观测样本值确定后,根据检测准则作出判断:是拒绝 H_0 还是拒绝 H_1。

对于高斯噪声中已知信号的检测问题，令 $p(\boldsymbol{x}|H_0)$ 和 $p(\boldsymbol{x}|H_1)$ 分别为 H_0、H_1 条件下 $\boldsymbol{x}$ 的概率密度（称为似然函数），如果似然比满足

$$\lambda(\boldsymbol{x}) = \frac{p(\boldsymbol{x}|H_1)}{p(\boldsymbol{x}|H_0)} > \eta \tag{3.10}$$

则接受 H_1，否则接受 H_0。其中，检测门限 $\eta > 0$，根据指定的虚警概率 P_f 求得。

虚警概率是指在无目标信号存在时，雷达将噪声、杂波或干扰误判为目标信号的概率，其表达式为

$$P_f = \int_{\{\boldsymbol{x}:\lambda(\boldsymbol{x})>\eta\}} p(\boldsymbol{x}|H_0)\,\mathrm{d}\boldsymbol{x} \tag{3.11}$$

得到检测门限后，根据 $p(\boldsymbol{x}|H_1)$ 可计算检测概率。检测概率是指当目标存在时，雷达将信号正确判断为目标信号的概率，其大小与信噪比和检测门限有关，其表达式为

$$P_d = \int_{\{\boldsymbol{x}:\lambda(\boldsymbol{x})>\eta\}} p(\boldsymbol{x}|H_1)\,\mathrm{d}\boldsymbol{x} \tag{3.12}$$

通过门限检测，这一假设检验过程可能会作出正确判断，也可能作出错误判断。由于这些噪声、杂波或干扰的存在，有可能犯两类错误，导致雷达目标检测存在虚警和漏警。

在实际中，通常似然函数 $p(\boldsymbol{x}|H_0)$ 和 $p(\boldsymbol{x}|H_1)$ 中存在未知参数，当存在未知确定性参数时，采用最大似然估计方法进行参数估计，然后代入似然函数；当存在随机参数时，需给定随机参数的先验分布。

实际中，噪声或杂波背景的功率为随机变量，需要用参考单元来估计背景功率水平，常用的 CFAR 处理方式包括单元平均处理（快门限）及噪声统计门限处理（慢门限）。慢门限适用于热噪声环境，快门限适用杂波环境。

常规 CFAR 检测属于单脉冲检测，即对单个距离单元回波信号相参积累或非相参积累后，进行线性检波或平方律检波，再进行 CFAR 检测。高斯分布杂波下 CFAR 检测器的性能主要取决于检测单元杂波功率水平估计的准确性，因此通常把检测单元周围的临近单元（称为参考单元）作为杂波功率的样本，典型的结构框图如图 3-14 所示。其中，x_1，$x_2,\cdots,x_N$ 表示 N 个参考单元，D 表示检测单元，邻近的阴影部分表示保护单元，S 为检测门限，$S=TZ$，T 为门限因子，根据虚警概率、杂波功率水平估计方法确定，Z 为杂波功率水平估计值。如果 $D \geqslant S$，则检测器判断检测单元内存在目标，接着滑动参考窗去检测下一个单元。

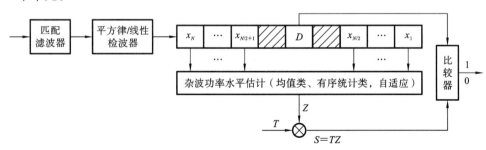

图 3-14　CFAR 检测框图

对于复包络为高斯分布的杂波,线性检波后为瑞利分布,平方律检波后为指数分布,这时杂波样本的平均值即为杂波功率的估计值,这样设计的 CFAR 检测器称为 CA-CFAR (Cell Averaging-Constant False Alarm Rate,单元平均 CFAR)检测器,在 1968 年由 Finn 提出,是最常用的检测器。

指数分布杂波背景下单脉冲 CA-CFAR 虚警概率的表达式为

$$P_{\mathrm{f}} = (1 + T/N)^{-N} \tag{3.13}$$

检测概率为

$$P_{\mathrm{d}} = \left(1 + \frac{T/N}{1 + \mathrm{SCR}}\right)^{-N} \tag{3.14}$$

式中,T 为门限,N 为参考单元数目,SCR 为信杂比。令杂波服从高斯分布,经平方律检波后服从指数分布,$P_{\mathrm{f}} = 10^{-4}$,$N = 16$,可得 $T = 12.45$,其检测性能如图 3-15 所示。

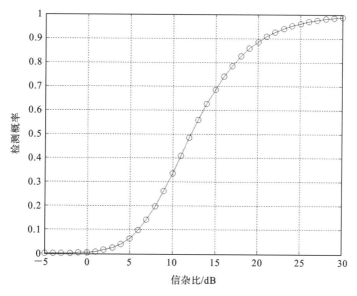

图 3-15　CFAR 检测性能曲线

CA-CFAR 有两个基本假设:参考窗内不存在目标;参考窗内杂波样本独立同分布,即杂波是均匀的。因此,两个或两个以上目标,且一个目标位于检测单元,另一个或多个目标落在参考单元时,可能会提高检测门限,导致目标遮蔽现象。当杂波呈现非均匀特性时,如云团、群目标、箔条等环境下,检测单元前后参考单元杂波功率不一致,此类杂波边缘效应会导致在边缘处的检测发生虚警,或可能检测不到在低杂波功率区域内的目标。

为了解决 CA-CFAR 因干扰目标和非均匀杂波引起的性能下降,人们提出了一系列改进方法。一种改进方法为单元平均选小 CFAR (Smallest of Cell Averaging CFAR,SOCA-CFAR),其基本思想是,前后参考窗内的数据分别进行平均,选择较小的平均值作为杂波功率估计值。这种方法可以抑制参考单元存在少数干扰目标时所引起的目标遮蔽效应,但在杂波边缘处容易发生虚警。另一种改进方法为单元平均选大 CFAR (Greatest of Cell Averaging CFAR,GOCA-CFAR),其基本思想是,对前后参考窗内的数据分别进行平均,选择较大的平均值作为杂波功率估计值。这种方法能够降低杂波边缘处的虚警,但在低杂波功率区域内存在目标时,或参考窗内存在干扰目标时,可能导致目标遮蔽效应。

在雷达目标检测中,要求检测器能实时估计检测单元的杂波功率、杂波概率分布类型或其参数,以满足恒虚警率特性,根据杂波功率水平估计方法的不同,检测器分类为单元平均类 CFAR、有序统计类 CFAR、自适应 CFAR 等检测器[47]。

在雷达目标检测中,很多情况下面临的是非高斯分布杂波,其杂波功率比噪声功率大得多。当杂波幅度分布为 Weibull、Log-normal 或 K 分布时,它们的概率密度函数中包含两个参数。此时,设计的 CFAR 检测器需要估计两个参数,称为双参数 CFAR,其性能依赖于杂波功率水平及分布参数的估计误差。

在应用上,可在同一距离单元的多个脉冲相参积累之后进行 CFAR 检测,典型结构为 MTI-FFT-CFAR,这时可在距离维和多普勒维上进行二维 CFAR 处理,检测器框图如图 3-16 所示。

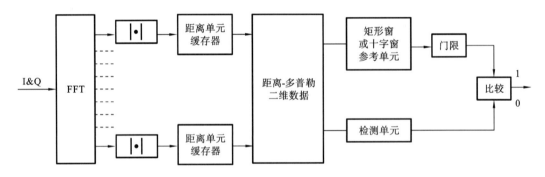

图 3-16　距离-多普勒二维 CFAR 检测器框图

由于 CFAR 检测器需对杂波功率进行估计,与已知杂波功率的理想检测器相比,在达到同样检测概率下,需要较高的信杂比,由于使用 CFAR 处理而需要增加的信杂比称为 CFAR 损失。通常随着参考单元数增加,功率估计值越趋于真值,CFAR 损失越小。

综上所述,在保持虚警概率恒定的情况下,如何提高目标的检测概率非常重要,通常在不同的环境下,雷达采用不同的 CFAR 检测方法。目前,目标检测的一些新理论和新方法正在雷达中得到应用。

● 3.2.3　检测前跟踪处理

一般地,雷达探测目标的过程如图 3-17 所示,首先对雷达扫描获得的数据,经过脉压、MTI(或 MTD)、CFAR 处理,对超过检测门限的目标点迹,提取出一个最佳的目标参数信息,随着不同扫描数据帧的到来,再进行点迹航迹关联和航迹滤波。

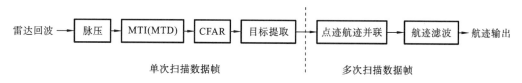

图 3-17　雷达探测系统框图

若目标 RCS 较小,雷达回波很弱,可能超不过目标检测门限,导致观测不连续。

通过降低检测门限可以提高目标检测概率,同时也会增加虚警,对由此增加的点迹进行航迹判断,能形成航迹的被当成是目标回波,否则被当成是虚警。这种方法称为基于形成航迹的检测方法,也被称为"检测前跟踪"(Track Before Detect,TBD)方法[16],TBD 系统框图如图 3-18 所示。

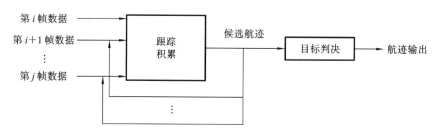

图 3-18　TBD 系统框图

检测前跟踪(TBD)方法是微弱目标检测和跟踪处理的重要手段,其基本思想是基于未经门限处理或低门限处理的观测数据,先对潜在的目标进行跟踪处理,在目标的航迹被估计出来后,检测结果与目标航迹同时宣布。

TBD 容许更高的单次扫描的虚警概率,如 10^{-3}。在每一次扫描帧时,将会形成许多虚假的点迹,利用多个扫描帧之间运动目标点迹在回波幅度和空间位置上的相关性,将是否能形成航迹作为检测门限,以此来滤除虚假点迹。

利用相控阵天线波束指向可快速变化的特点,安排较短的搜索间隔时间,更有利于进行航迹相关处理,有利于 TBD 工程实现。实现 TBD 技术的方法主要有基于 Hough 变换的 TBD、基于动态规划的 TBD 和基于粒子滤波的 TBD 等方法[29]。通常保留正常的检测跟踪通道,在低门限检测通道中,采用 TBD 处理,如图 3-19 所示。相比于正常检测通道,检测前跟踪处理要求较长的积累时间和较高的数据处理能力。

基于粒子滤波的 TBD 方法利用幅度量测和位置量测的联合似然函数更新粒子的权值,适合处理非线性的状态方程和量测方程,也适合处理微弱目标和扩展目标的检测前跟踪问题,在理论上取得了较大进展。但在进行检测前跟踪处理时,既需要估计目标的位置,也需要估计目标的信噪比或目标幅度大小,在低信噪比或目标起伏情况下,检测性能和跟踪精度不高。

对于高分辨率雷达,目标量测个数是一个随机变量,为了对这类扩展目标进行检测

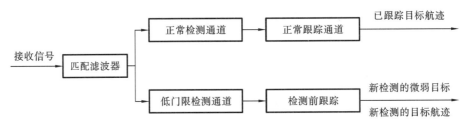

图 3-19　正常检测通道与低门限检测通道

前跟踪处理和跟踪处理,可以把扩展目标或群目标建模为线状目标或椭球目标,以简化对目标结构的描述。

● 3.2.4　基于目标和环境信息的目标检测方法

通常目标检测背景环境呈现复杂的非线性、非均匀性、非高斯特性,采用传统目标检测方法会产生模型失配及门限设置不合理等问题,从而使自适应滤波处理和目标检测性能大大下降,不当的检测方法还可能导致大量虚警。这里,非线性是指函数的因变量与自变量之间不是线性关系,电磁空间中目标和环境、环境之间的非线性函数关系更符合客观事实。非高斯特性是指真实的复杂电磁环境信号一般不符合高斯分布,可能是多种复杂分布的组合。非均匀性是指环境信号的概率分布不满足独立同分布条件,不同区域环境的信号服从不同的参数模型或统计分布。

对于复杂的检测背景环境,首先进行检测背景分类,然后对环境信号进行分布类型检验,再采用相应的目标检测方法。

（1）根据环境信号的特征差异进行检测背景分类。

检测背景分类流程图如图 3-20 所示,根据环境信号统计特征、信号协方差矩阵之间的距离度量等特征,将检测背景划分为噪声区域、杂波区域、杂波边缘和干扰信号等不同区域,并定位和删除孤立干扰信号（干扰目标）,消除环境非均匀性,获得均匀环境信号。

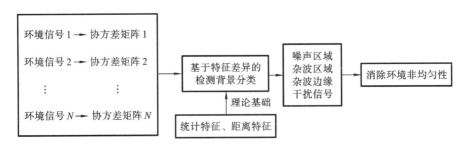

图 3-20　检测背景分类流程图

（2）利用分布类型检验方法实时检验环境信号的统计分布类型,并获得统计分布参数。

实际中由于环境信号的统计分布随时间或空间变化,基于特定分布类型的参量

CFAR 不能保持恒虚警率,可采取的措施包括采用具有较宽广参数范围的统计分布类型;在多个备选分布类型中,实时判断环境信号的分布类型,据此采用相适合的 CFAR 检测方法。

分布类型检验的传统方法和神经网络方法是获得环境信号分布类型的重要方法。分布类型检验的传统方法主要有 χ^2 检验、Kolmogorov-Smirnov 检验、PDF 变换检验、高阶累积量检验等,这些方法利用观测样本估计出指定分布的分布参数,构造合适的检验统计量,并在设定的显著水平下对观测样本是否服从指定分布做出判断。由于这些方法仅利用了观测样本的幅度分布特征,在非均匀、非高斯环境中检验错误率高,所以需要利用更多的特征用于分布类型检验。近年来,神经网络方法引起了人们的关注,它需要预先利用已知标签的训练样本对神经网络进行训练,用来模拟各类环境信号的分布模型,再用来判断观测样本服从哪类分布类型,但对未经训练的陌生环境,神经网络方法分类正确率不高。研究能适应较少样本数量、精度高、算法简单、通用性强的分布类型检验方法至关重要。

(3) 设计针对性的 CFAR 算法库,根据特定检测背景和环境信号分布类型,采用不同的 CFAR 检测方法。

在设计 CFAR 算法库时,需要在高斯分布、非高斯分布、非均匀环境、大样本数量、样本数较少、存在干扰信号、隐身目标等环境下分析各种 CFAR 算法的应用范围及检测性能。由于认知探测理论的发展,目前目标检测的一些新理论和新方法逐渐在雷达中得到应用。基于目标和环境信息的目标检测方法流程图如图 3-21 所示。图中,对于微弱目标,可以采用检测前跟踪方法;对距离或多普勒扩展的微弱目标,可采用双门限检测方法、扩展目标 CFAR 检测方法或扩展目标检测前跟踪方法,扩展目标的径向长度近似

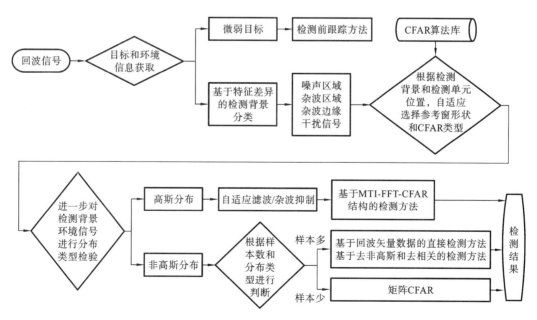

图 3-21   基于目标和环境信息的目标检测方法流程图

等于检测单元个数与距离分辨率的乘积,扩展目标检测的难点是对检测单元个数的估计。

对于高斯分布,可以在自适应滤波或杂波抑制后,采用基于 MTI-FFT-CFAR 结构的检测方法,如均值类 CFAR、有序类 CFAR 或距离-多普勒二维 CFAR。

对于非高斯分布,根据参考单元的样本数量和非高斯分布的分布类型可选择不同的检测方法。当样本多时,可以从消除环境信号的非高斯特性和相关性角度设计检测器,即在去非高斯、去相关基础上进行积累,以尽可能逼近高斯白噪声条件下的广义似然比性能,根据去非高斯和去相关的效果,采用高斯分布环境下的 CFAR 或特定非高斯分布环境下的双参数 CFAR;也可以直接对接收到的回波矢量数据进行处理,也就是利用广义似然比检测器、自适应匹配滤波器等计算出对应距离单元的检测统计量,再根据对应的门限值判定是否存在目标,直接检测可以获得更好的检测性能,但由于需要的样本数多,样本获取问题和样本的分布类型一致性问题会更加严重。在可用样本较少时,可以采用矩阵 CFAR 检测方法,它直接利用回波协方差矩阵进行目标检测,克服了传统统计检测器和多普勒处理遇到的问题,适用于强杂波环境下扩展目标检测,矩阵 CFAR 检测方法的相关内容请参考附录 C 信息几何在信号与信息处理领域的应用。

综上所述,在接收到回波信号之后,估计得到目标和环境信息,依据检测背景及其分布类型调整检测策略,能够有效地解决检测背景难以统计分析、多种分布类型同时存在的难题,有望提高目标的探测性能。

3.3 参数测量技术

雷达系统信息处理的一般过程为:在接收机输出的雷达回波中进行目标检测,判定目标的存在;测量并录取目标的距离、角度和速度等信息;根据录取的目标信息,对目标进行编批,建立目标航迹,实现目标的稳定跟踪;等等。

参数测量是雷达的基本任务之一,是目标检测和目标跟踪之间的重要环节,随着雷达能力提升,可测量的特征参数类型日益丰富。不同体制的雷达采用的参数测量方法不同,即使同一部雷达,根据不同的工作方式和雷达波形也可能采用不同的测量方法。

3.3.1 参数测量的类型

雷达要测量的目标参数可分为如下三类。

1. 目标位置参数

目标位置参数指目标相对于雷达站的方位角、俯仰角和距离。

2. 目标运动参数

目标运动参数是指反映目标运动特性的参数,包括目标的径向速度、径向加速度、角速度、角加速度,或有关目标航向、航速及其变化的参数。

测量目标的速度和加速度对维持目标稳定跟踪和成像识别具有重要意义。速度精度需要满足目标跟踪精度以及成像和微动特征提取对运动补偿精度的要求。

为了测量目标运动参数,可以对目标位置的多次测量数据进行数据处理,也可以发射测速波形,进行脉冲多普勒处理,直接测量目标速度与加速度。相控阵雷达利用天线波束扫描的灵活性,可以提高跟踪数据率,进而利用数据处理方法提高测速精度。

3. 目标特征参数

目标特征参数是指反映目标构造、外形、姿态、状态、用途及其他目标特性的参数。

目标特征参数主要用于对目标进行分类、识别,或对目标事件(如头体分离、干扰机分离、旅饵分离、目标爆炸等)进行判断与评估。特征参数通常是从目标回波信号的幅度、相位、频谱和极化特性及它们随时间的变化率中提取的,详见第 6 章目标识别。

3.3.2　距离测量

目标距离可根据电磁波往返于雷达与目标间的时间计算,目标距离可表示为

$$R = \frac{ct}{2} \tag{3.15}$$

式中,c 为光速,t 为电磁波往返于雷达与目标间的时间。

为了测量回波脉冲中心,通常使用多个时间采样用于峰值滤波,以获得更高的距离测量精度,其示意图如图 3-22 所示。

因雷达接收机噪声引起的距离测量随机误差主要取决于信号瞬时带宽 B 与回波信号的信噪比 S/N,其表达式为[24]

$$\sigma_{\mathrm{R}} = \frac{\Delta R}{\sqrt{\dfrac{2S}{N}}} = \frac{c}{2B\sqrt{\dfrac{2S}{N}}} \tag{3.16}$$

式中,c 为光速,S/N 为单个脉冲、相参积累或非相参积累后的信噪比。

雷达内部噪声导致的随机误差通常为雷达距离分辨率的 0.0125~0.05 倍。由天线到接收机的路径长度的补偿失配会导致雷达距离偏移误差,通过精密校准可使偏移误差变得很小。由大气和电离层传播导致的偏移误差较大,需要对偏移误差进行估计和校正。

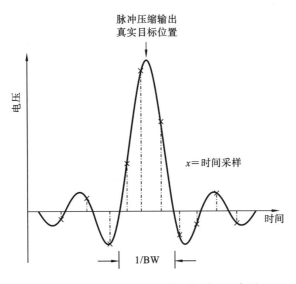

图 3-22　使用多个时间采样进行测距示意图

3.3.3　角度测量

角度测量是指测量信号到达的方位角和俯仰角。雷达接收分系统的具体构成与用何种测角方法有关[46]。

对于反导预警相控阵雷达来说,由于作用距离远、雷达脉冲重复周期长、要观测多批目标、数据率要求高等原因,在每一个波束位置上波束驻留时间都很短,例如,只有两个或三个重复周期,甚至只有一个重复周期。为了节约雷达资源和提高测角精度,通常采用单脉冲测角技术,原则上使用一个脉冲即可测出目标角信息。

单脉冲测角需要同时产生 4 个倾斜的部分重叠的波束来测量目标的角度位置,一种典型的单脉冲天线方向图如图 3-23 所示,可以利用天线阵面 4 个象限分别形成 4 个接收波束,对于固态有源相控阵雷达,通常利用阵面的所有接收通道使用 DBF 技术形成 4 个接收波束。比幅单脉冲测角方法要求 A、B、C 和 D 这 4 个波束接收到的回波信号相位一致、幅度不同。

分别将天线阵面 4 个象限相对应的天线单元的接收信号相加,得到 4 个子天线阵的输出信号,然后再送微波比较器分别形成和波束、方位差波束和俯仰差波束等三个处理支路,如图 3-24 所示。

比幅单脉冲测角技术通过比较两个天线波束同时接收的回波信号振幅大小得到目标角度信息,基本原理如图 3-25 所示,这里以方位角测量为例,令左波束方向图为 $A+B$,右波束方向图为 $C+D$。

先将两个天线波束接收到的信号幅度求和、求差,然后用差通道信号除以和通道信

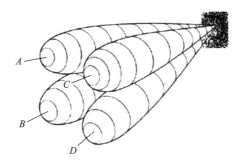

图 3-23　一种典型的单脉冲天线方向图示意图

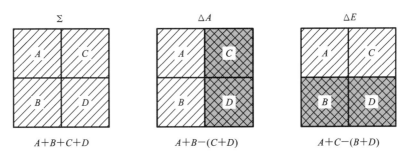

图 3-24　和波束、方位差波束和俯仰差波束示意图

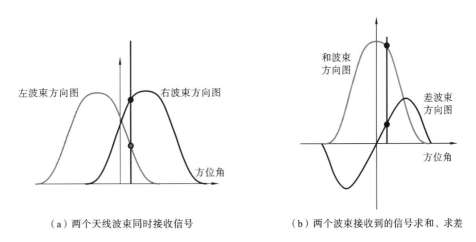

（a）两个天线波束同时接收信号　　　（b）两个波束接收到的信号求和、求差

图 3-25　比幅单脉冲测角技术示意图

号得到误差信号 $\varepsilon(\varphi)$，从而确定目标角度 φ。

$$\varepsilon(\varphi) = \frac{\Delta(\varphi)}{\Sigma(\varphi)} \qquad (3.17)$$

式中，$\Delta(\varphi)$ 为差通道信号，$\Sigma(\varphi)$ 为和通道信号。

由噪声引起的单脉冲测角法的测角误差 $\sigma_{\Delta\theta}$ 理论值为

$$\sigma_{\Delta\theta} = \frac{\Delta\theta}{k_m \sqrt{\dfrac{2S}{N}}} \approx \frac{\Delta\theta}{1.6 \sqrt{\dfrac{2S}{N}}} \qquad (3.18)$$

式中,$\Delta\theta$ 为俯仰向或方位向的波束宽度;k_m 为单脉冲天线差波束方向图在 0°附近的斜率,$k_m \approx 1.6$。由于相控阵雷达波束宽度和扫描损耗随着扫描角的增大而增大,最终会导致测量误差增大。

测角误差与信噪比的关系如图 3-26 所示,当典型的检测门限因子为 13 dB 时,内部噪声导致的测角误差通常为波束宽度的 1/10 倍。

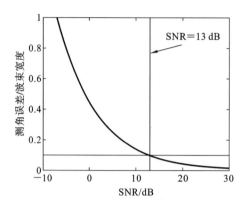

图 3-26　测角误差与信噪比的关系

以下几种情况会导致角度偏移误差:天线扫描、天线物理校准误差、大气和电离层传播、人为干扰或杂波、目标闪烁。

（1）波束宽度随着扫描角的增大而增大。

（2）随着天线校准技术的进步,由天线物理校准误差导致的角度偏移误差通常较小。

（3）大气和电离层传播导致的角度偏移误差较大,低仰角情况下尤为明显,因此需对偏移误差进行估计、校正。

（4）人为干扰或杂波可能会使天线波束发生变化,这会导致很大的角度测量误差。

（5）目标闪烁是目标多个散射点相互干涉导致的一种效应,它导致的角度测量误差可大于目标真实角度。目标闪烁主要发生在目标距离近、目标角度扩展较大的场景。

3.3.4　高度测量

当目标的仰角较低时,由于存在大气折射,射线路径略微向下弯曲,其弯曲效应可等效为地球半径的增大,即将电磁波等效看作直线传播而把地球的等效半径增大。已知地球半径为 $r=6371$ km,通常为了方便,采用 4/3 的大气模型,考虑弯曲效应后地球的等效半径为 $r_E \approx 8500$ km。目标和雷达站的位置关系示意图如图 3-27 所示。

在三角形 △OAB 中,利用余弦定理可得出

$$(r_E + H)^2 = R^2 + (r_E + H_a)^2 - 2R(r_E + H_a)\cos(90° + \theta) \tag{3.19}$$

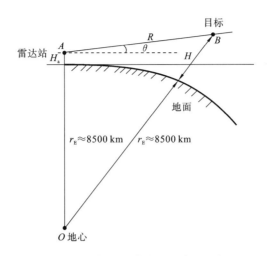

图 3-27 目标和雷达站位置关系示意图

因为 $r_E \gg H_a$，可近似得到目标高度与距离、仰角的关系：

$$H \approx H_a + \frac{R^2}{2r_E} + R\sin\theta = H_a + \frac{R^2}{17000} + R\sin\theta \qquad (3.20)$$

式中，H 为目标高度，H_a 为雷达天线架设高度，R 为目标斜距，θ 为目标俯仰角。

可见，只要测出目标斜距 R 和俯仰角 θ，利用上式就可求出目标的高度 H。测高精度主要由 R 和 θ 的测量精度决定。雷达测距的精度通常比较高，测高精度的关键是俯仰角测量精度。

下面补充关于多径散射的知识，并分析其对高度测量的影响。雷达接收信号除了直接反射的目标回波（简称直射波）外，还有经地面/海面反射的目标回波（简称反射波），两条路径传播的距离是不相同的，这就导致了直射波和反射波之间的相位差 $\Delta\alpha$，而它是产生多路径效应的主要原因。

$$\Delta\alpha = \frac{4\pi \cdot \Delta R}{\lambda} \qquad (3.21)$$

式中，ΔR 为直射路径和反射路径的路程差，λ 为雷达波长。

当雷达掠射角（地球表面与信号传播路径之间的夹角）较小时，直射波和反射波之间的路径差较小，当路径差小于雷达距离分辨单元时，直射波和反射波相干叠加在一起，从而导致雷达接收信号增强或衰减（增强或衰减取决于两个回波之间的相位差），这种现象称为多径散射。多径散射示意图如图 3-28 所示。随着目标运动，直射路径和反射路径的路程差不断变化，导致直射波和反射波的相位差不断变化，雷达接收信号功率为目标直接反射信号功率的 0～4 倍[13]。

多径散射主要影响雷达的高度测量性能和空域覆盖性能，使得阵地适应性差。多径散射会导致波束形状畸变，导致不可能精确测高；使得自由空间的雷达威力图和多径散射条件下的雷达威力图不同，波束上翘，导致低仰角覆盖性能不好，对探测仰角较小的目标影响较大；波束分裂，导致空域覆盖不连续等现象。

减小多径散射问题的措施有：建立精确的多径反射信号模型，改进测高算法；对于数

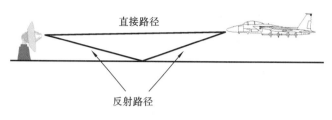

图 3-28 多径散射示意图

字阵列雷达,对雷达的俯仰波束方向图进行优化设计,以改变波束的空域覆盖范围;改变工作频率,或改变天线架高,以改变波瓣分裂的俯仰角度和数量,使盲区互相补偿;采用不同的极化方式,地面或海面对垂直极化的反射系数与水平极化不同,波束形状也不同。

3.3.5 速度测量

反导预警雷达作用距离远且弹道导弹目标速度快,为了避免复杂的距离解模糊算法,通常在搜集时发射信号的脉冲重复周期较长,一般为毫秒量级,并设计多种工作方式,如搜索工作方式、跟踪工作方式、测速工作方式或多种特征测量方式,每种工作方式采用不同的波形、数据率、脉冲重复频率和驻留时间来实现。根据不同的工作方式和雷达波形,采用不同的测速方法。常用的测速方法有距离微分法、宽带测速、数据处理拟合、固定频率长脉冲信号测速、频率步进测速和脉冲多普勒测速等[34]。

脉冲多普勒测速,就是通过对目标的多次照射,用 FFT 技术测量目标多普勒频率,根据多普勒频率和速度间的转换关系,得到目标的速度信息,速度测量范围取决于脉冲重复频率。脉冲多普勒测速需要采用高重频脉冲串。

雷达径向速度 V_R 是目标速度 V 在雷达视线方向上的分量,可表示为

$$V_R = V\cos\alpha \tag{3.22}$$

式中,α 为目标速度矢量与雷达视线之间的夹角。

雷达径向速度可根据雷达接收信号的多普勒频率 f_d 计算得到,具体可表示为

$$V_R = \frac{f_d \cdot c}{2f} = \frac{f_d \cdot \lambda}{2} \tag{3.23}$$

式中,c 为光速,f 为雷达工作中心频率,λ 为波长。

噪声条件下测速误差为

$$\sigma_v = \frac{\Delta V}{\sqrt{2S/N}} \tag{3.24}$$

式中,ΔV 为目标径向速度分辨率,可由式(2.6)计算,S/N 为信噪比。

用于远距离探测的反导预警雷达也可采用两次或多次目标距离测量结果来计算径向速度[24]。若两次距离测量分别为 R_k 和 R_{k+1},且时间间隔为 Δt,则第 $k+1$ 次照射的径向速度为

$$V_k = \frac{R_{k+1} - R_k}{\Delta t} \tag{3.25}$$

根据多个距离测量结果计算目标径向速度可以节省雷达资源,不必发射测速波形,但测量误差较大,会大于脉冲多普勒测速方法。此时,径向速度测量误差可表示为

$$\sigma_v = \frac{\sqrt{2}\sigma_R}{t_M}, \quad \text{两个脉冲} \tag{3.26}$$

$$\sigma_v = \frac{\sqrt{12}\sigma_R}{\sqrt{n}t_M}, \quad \text{6 个或更多个脉冲} \tag{3.27}$$

式中,σ_R 为距离测量误差,t_M 为测量持续时间,n 为脉冲数。

若采用中重频脉冲串信号探测目标,会存在速度模糊问题,需要将模糊速度送数据处理,通过解模糊算法计算出目标速度。

3.3.6 RCS 测量

室外 RCS 测量方法有参数测量法和相对标定法[34]。RCS 测量的基础是雷达方程。当雷达处于跟踪状态时,目标跟踪距离已知,目标 RCS 可以根据回波信号的信噪比估计得出,通常有 1~3 dB 的估计误差。

根据式(2.16),若以目标 RCS 为未知量,则雷达方程可改写为

$$\sigma = \frac{(4\pi)^3 k T_e (S/N)_o L_s R^4}{P_t \tau G^2 \lambda^2} \tag{3.28}$$

式中:σ 为目标 RCS;R 为雷达到目标的距离;P_t 为发射信号的峰值功率;τ 为发射脉冲宽度;G 为天线增益;λ 为雷达工作波长;k 为波耳兹曼常数;T_e 为接收系统的噪声温度;$(S/N)_o$ 为输出信噪比;L_s 为系统损耗。

式(3.28)中,$(4\pi)^3 k T_e$ 及 $P_t \tau G^2 \lambda^2$ 为常数,因此可定义常数 K 为

$$K = \frac{(4\pi)^3 k T_e}{P_t \tau G^2 \lambda^2} \tag{3.29}$$

因此,雷达方程可写成

$$\sigma = K(S/N)_o L_s R^4 \tag{3.30}$$

参数测量法是根据式(3.30)直接计算出 σ 值。缺点是:在一次测量中,天线增益 G、发射脉冲宽度 τ、发射机功率 P_t、系统噪声温度 T_s、系统损耗 L_s 等无法准确测定,这些因素的积累可能造成大的测量误差。

相对标定法将待测目标用已知散射特性的标准目标替代,雷达分别测量已知 RCS 的标准目标和待测目标,然后比较两者回波电平,求得待测目标的 RCS 值[48]。

相对标定法首先利用雷达跟踪一个 RCS 精确已知的标准目标(近距离测量可用直径已知的标准铝球,对空间探测可用直径已知的球形标校卫星),根据测量得到的距离 R、$(S/N)_o$ 及目标仰角值,计算出 L_s,由此标定常数 K 的平均值,即

$$\overline{K} = \frac{1}{m} \sum_{i=1}^{m} \frac{\sigma_0}{(S/N)_{o,i} R_i^4 L_{s,i}} \qquad (3.31)$$

式中，σ_0 为标准目标的 RCS；m 为测量次数。为了减小测量 K 的误差，选取的测量值的信噪比应大于 20 dB，且目标仰角大于 5°。

然后在跟踪待测目标时，根据测得的目标距离 R、$(S/N)_o$ 计算出 L_s，再利用标定的 K 值计算出待测目标的 RCS。在测量得到 RCS 序列后，就可以计算 RCS 均值或者进行 RCS 特征提取。

● 3.3.7　提高参数测量精度的措施

从雷达信息处理角度介绍提高参数测量精度的措施，主要包括：

（1）调整雷达工作模式和工作参数。通过采用集中能量工作模式、增加目标驻留时间、选择合适波形、改变信号脉冲宽度等措施，提高目标回波的信噪比、距离分辨率、角度分辨率和速度分辨率，从而提高参数测量精度。

（2）采用空间配准、时间配准、误差校正等措施修正系统误差。系统误差由位置测量装备的不准确、雷达天线对准正北方向的误差、雷达天线底座倾斜、雷达系统线路延时、距离时钟速率不精确等因素引起。可采用北斗卫星导航系统或全球定位系统（GPS），提高雷达定位精度；采用北斗卫星导航系统和 GPS 对时（对时精度达到数十纳秒）、系统授时、原子钟等，提高授时精度；利用外接 ADS-B 设备对雷达测高精度进行评估和修正，以提高雷达的测高精度；利用动态水平仪实时测量天线的倾斜角度，利用数据处理软件对转台水平和仰角误差进行实时修正。

广播式自动相关监视（ADS-B）广泛用来进行系统误差修正。传统二次雷达监视技术是由地面询问机和空中应答机构成，采用询问应答方式，通过雷达回波得到飞机位置、高度等信息的技术。传统二次雷达测量精度不高，已难以满足迅猛发展的空中交通管制需求，ADS-B 应运而生。ADS-B 设备是一种合作式目标信息获取手段，可以提供更多的飞机飞行数据信息。空中飞机目标首先使用机载导航系统得到飞机的精确位置和速度信息，然后飞机自身的 ADS-B 设备周期性地向外广播飞机的航班号、经度、纬度、修正海平面高度、速度、航向等飞行动态信息，地面 ADS-B 设备通过接收、解析、处理来实现周边目标信息的获取[10]。

（3）更新算法程序。建立精确的多径反射信号模型，改进测高算法，消除多径散射影响；采用超分辨算法，提高雷达的低空测高精度；采用反干扰措施，消除电子干扰的影响；采用杂波抑制算法，改善雷达系统的信杂比，提高在强杂波环境下的测量精度。

另外，除了提高测量精度，雷达还需要通过跟踪滤波，提高跟踪精度，进一步估计出尽可能精确的目标位置和运动参数，而且通过雷达组网，可进一步提高目标航迹的数据率、连续性和可靠性。雷达组网系统对不同体制、频段、功能、精度和数据率的雷达进行实时资源管控和信息融合处理，能预测和校正系统误差、降低随机误差、避免人为误差。

3.4　抗干扰技术

　　近年来,电子战呈现出了蓬勃的发展态势,涌现出大量新概念、新装备、新技术和新战法,电子战发展现状参见附录C。敌方电子干扰严重影响雷达的工作,可能会极大地降低雷达的威力范围,还可能产生大量虚假目标,使跟踪数据率下降和特征提取困难,特别地,有源电子干扰是目前弹道导弹极为重要的突防手段,主瓣干扰是反导预警雷达面临的一个最严重挑战。为削弱或消除敌方电子干扰影响,保证己方雷达发挥应有效能,必须采取抗电子干扰措施和行动。

　　为了恰当应用抗干扰措施,首先要进行干扰环境感知,分析干扰类型,然后清楚雷达抗干扰措施的适用条件(用不好会适得其反,导致很大的检测损失,使雷达作用距离下降),最后要综合运用多种抗干扰措施。本部分主要介绍雷达抗干扰技术的基本概念,干扰环境感知、反侦察、干扰抑制及点迹过滤等反干扰技术措施的技术原理,并给出压制式和欺骗式电子干扰条件下的雷达探测效能评估的一些指标。综合干扰技术和雷达反干扰技术在博弈过程中,技术交替进步,反干扰技术实现越来越复杂和精细。

3.4.1　雷达抗干扰的基本概念和面临的干扰威胁

　　从雷达电子战的角度定义雷达抗干扰,雷达抗干扰是雷达电子战的组成部分,是指在敌方使用电子干扰的条件下,保证我方雷达有效使用电磁频谱所采取的一切措施。雷达抗干扰措施主要包括抗干扰技术措施和抗干扰战术运用措施。

　　从雷达系统设计的角度定义雷达抗干扰,雷达抗干扰是雷达通过体制、器件设计或数据的精细化处理,躲避或滤除干扰影响,保证雷达在干扰环境中可正常发现目标。

　　雷达抗干扰的核心在于有用信号与干扰信号可分离,通过在时域、空域、频域、调制域、能量域或极化域等对目标和干扰的混合信号进行特征变换和特征提取,找到目标与干扰的可分离域特征,从而设计相应的抗干扰措施进行干扰抑制。

　　在强电磁干扰与攻击下确保雷达探测性能与生存能力是雷达面临的关键问题,雷达面临的干扰威胁日益严峻。

　　(1)相控阵雷达本身在反干扰方面存在弱点。主要包括[49]:在雷达的接收通带内的各种信号,不分敌我,都能接收;不论雷达采用什么样的信号处理方式,只要干信比达到一定值,就不能提取有用信息;即使采取副瓣置零等措施,天线副瓣仍然不能为零,可实施副瓣干扰。

　　(2)新干扰设备和新干扰技术大量涌现。如果相控阵雷达不采取或仅采取简单的反电子侦察措施,在极短时间内,敌方电子侦察设备就可以对雷达进行测向和交叉定位,并获得雷达的发射信号参数,雷达开机即被截获正逐渐现实。在电子侦察设备的引导下,干扰设备根据决策命令和雷达发射信号参数分配干扰资源,调整干扰样式和干扰功率,以遮盖雷达信号(如压制式干扰),或伪装雷达信号(如欺骗式干扰)。

间歇采样转发干扰(或切片转发干扰)是为了降低最小转发延迟而经常采用的一种欺骗式干扰策略,可以实现收发共用天线,易于进行调制和转发,可以产生相参假目标串,广泛应用于工程实际。近年来,美国"低-零功率"、认知电子战、高功率微波等新技术取得较大进展,电磁环境日益复杂。复杂的电磁环境构成了信息化战场的标志性特征,复杂电磁环境通常是指电磁辐射源种类多、辐射强度差别大、信号分布密集、信号形式多样,能对作战行动、武器装备运用产生严重威胁和影响的电磁环境。

(3)反导预警雷达面临的电子干扰通常为主瓣干扰,对于密集主瓣干扰,当前还没有有效的对抗措施。弹道导弹突防场景下,通过飞行过程中释放突防装置,弹头、诱饵或干扰机等多目标伴飞,弹载干扰机与弹头长时间位于同一个波束宽度内,目标检测、跟踪和识别均遭遇困难。

● 3.4.2　干扰侦测和环境感知的原理

电子侦察设备能够根据接收到的雷达辐射源信号,对雷达信号参数进行实时分析和辐射源识别,另一方面,干扰侦测和环境感知能力已经成为国内外多型雷达的重要功能。

近年来,国内外多型雷达融合了无源信号情报(SIGINT)系统,使雷达具有了宽频段范围内的信号侦收和分析能力。2019年6月,以色列埃尔塔(ELTA)系统公司推出新一代多传感器多任务雷达(EL/M-2084 MS-MMR),其外观如图3-29所示,升级版本融合了多个有源和无源传感器,从而能够提供有源、无源和综合空中态势图。EL/M-2084 MS-MMR雷达可执行防空、监视和武器定位任务,同时也是"铁穹"、"大卫投石索"和陆基"巴拉克"武器系统的雷达。有源系统包括S波段多任务雷达、高频雷达和一套敌我识别系统,无源系统包括光电/红外系统、信号情报系统等。信号情报系统具有良好的信号侦察接收和分析能力,并且可以在复杂背景下进行全自动目标分类和识别,可以对目标的工作状态进行判断,如雷达模式、武器发射等。EL/M-2084 MS-MMR雷达显著提高了空中态势图和态势感知的可靠性,适应多作战任务场景,可以有效地处理新型的小型、低速、慢速和悬停目标的威胁,以及处理不同距离的火箭弹和导弹。当前多源数据的融合技术存在很多技术难点,需要开展深入的研究和实践检验。

侦察接收分系统是反导预警雷达系统的一个重要组成部分,主要完成干扰侦测功能,实时侦察干扰信号,用于雷达自适应选取工作频点,采取抗干扰措施,辅助雷达主系统,提高雷达主系统抗干扰能力。

侦察接收分系统由侦察接收天线、接收子系统、信号处理子系统等组成,如图3-30所示,其中侦察接收天线主要用于接收所在工作频段的辐射源信号;接收子系统对信号进行限幅放大、模拟混频、数字采集、下变频、正交解调等;信号处理子系统对数字信号进行

图 3-29 EL/M-2084 MS-MMR 雷达

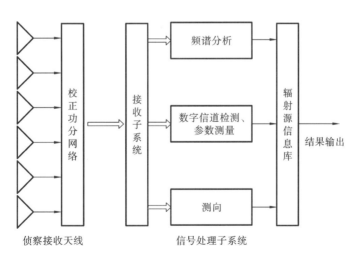

图 3-30 侦察接收分系统原理框图

并行处理,分别用于频谱分析、检测、参数测量、测向等,最终得到辐射源的脉冲描述字
(Pulse Description Word,PDW);将脉冲描述字存入辐射源信息库中,利用聚类分析、深
度学习等,识别出辐射源的类型。对于一个辐射源信号,比如干扰或雷达脉冲信号,其脉

冲描述字包括到达时间、载频、脉冲宽度、脉冲幅度、到达角、重频、脉内调制类型等脉冲表征参数。

在信号处理子系统中,在频谱分析模块,利用傅里叶分析方法(如 FFT)和时频分析方法(如短时傅里叶变换、Wigner-Ville 分布等),可以测量得到信号的载频、时频图像、脉内调制类型等脉冲表征参数。在检测和参数测量模块,利用希尔伯特变换、包络滤波技术、滤波降噪技术、双门限信号检测技术、聚类算法等技术,对包络信号连续性进行检测,可以得到信号的到达时间、脉冲宽度和脉冲幅度等信息,然后利用到达时间序列,基于PRI 变换算法从密集交叠的信号脉冲流中计算得到信号的重频。在测向模块,利用多个阵元的幅度、相位、多普勒频移和时差等,可以得到信号的到达角。侦察接收分系统的信号处理结果示意图如图 3-31 所示。

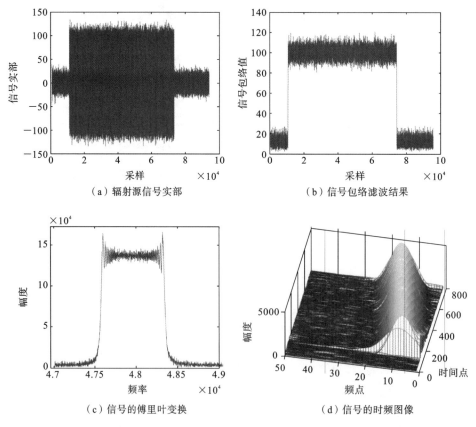

（a）辐射源信号实部   （b）信号包络滤波结果

（c）信号的傅里叶变换   （d）信号的时频图像

图 3-31　侦察接收分系统的信号处理结果示意图

操作人员可通过雷达显示界面等感知干扰环境和干扰效果。基于干扰侦测结果,雷达界面能够实时显示干扰频谱,甚至显示干扰的全部脉冲描述字,有助于辅助进行干扰类型分析。压制式干扰可用来遮盖雷达信号,抬高噪声基底;降低检测概率,使点迹时有时无;增加跟踪误差;使航迹不连续,甚至丢失目标。欺骗式干扰大量重复转发侦察接收到的雷达信号,界面出现密集的假目标点迹,影响对真实目标的正常检测和跟踪。

3.4.3 常用抗干扰技术的原理

反导预警雷达采用反侦察、干扰抑制及点迹过滤等综合抗干扰技术措施。具体地说,通过反侦察措施,增加敌方侦察设备对雷达信号进行分选识别的难度;在遭受电子干扰时,通过干扰分析结合人工判断,对干扰样式进行分析与分类,据此启用相应的抗干扰措施,并结合数据处理进行点航迹滤除。

按分系统划分,典型抗干扰技术主要有以下几种[50]。

(1) 天线分系统:低副瓣天线、自适应副瓣对消、副瓣匿影、天线极化处理、盲源分离、干扰源测向。

(2) 发射分系统:变频、脉冲重复频率捷变、重复周期抖动、波形捷变、波束指向捷变、掩护波形、复杂的脉冲压缩波形、使用诱饵设备发射诱骗脉冲。

(3) 接收分系统:大动态接收范围。

(4) 信号处理分系统:脉冲多普勒处理、恒虚警率处理、窄脉冲处理、波形熵。

(5) 数据处理分系统:点迹过滤。

可见,雷达中采用的抗干扰技术措施非常多,而且主瓣抗干扰是当前的研究难点和热点,一些主瓣抗干扰技术有待深入研究,公开文献中报道的主瓣抗干扰技术主要包括低截获概率(LPI)雷达技术、盲源分离、波形熵、点迹过滤、认知与智能抗干扰等。作为入门书籍,不可能面面俱到,这里仅介绍几种典型抗干扰技术。

3.4.3.1 反电子侦察

雷达反电子侦察是雷达采取相应的体制和技术措施,使敌方电子侦察设备难以可靠地截获和跟踪雷达辐射信号,主要包括频段选择、被动探测体制、双(多)基地雷达体制、复杂波形设计、掩护脉冲、低截获概率雷达技术等[51]。

掩护脉冲是指一个重复周期内发射多个不同载频、不同波形的脉冲,接收其中一个脉冲实现目标探测。

低截获概率雷达是指雷达探测到目标的同时,被敌方电子侦察设备截获到雷达信号的概率最小的雷达。其目的是使雷达系统的射频信号低于敌方电子侦察设备的检测门限或者不能够被识别,同时仍能发现目标。

3.4.3.2 抗窄脉冲干扰

雷达探测目标时,可能收到来自干扰机的窄脉冲干扰,窄脉冲干扰是一种常见的干扰样式,具有较好的覆盖干扰效果。强窄脉冲干扰经脉冲压缩后,脉冲幅度降低,脉冲宽度被展宽,因此选择足够大的干扰功率,窄脉冲干扰就会有较好的覆盖干扰效果。

窄脉冲干扰影响示意图如图 3-32 所示(图片来源于中国电子科技集团公司 14 所),距离单元为 295 处为一强脉冲,雷达对接收的信号进行数字脉冲压缩后,约 80 个距离单元噪声基底升高,影响了后续检测处理,容易造成虚警,并降低干扰区域微弱目

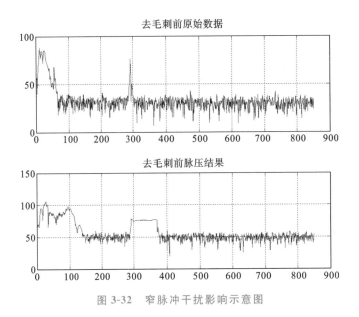

图 3-32 窄脉冲干扰影响示意图

标检测性能。

因此需在脉压前进行窄脉冲干扰剔除，以减小脉冲干扰的影响。一般地，根据脉冲宽度和强度进行判别，当脉冲时宽小于设定值，且强度大于某个设定值时，将该处的强脉冲剔除。如果雷达具有干扰侦测功能，就能够获得干扰的详细脉冲描述字，从而进行更精细的干扰脉冲过滤或剔除处理。

3.4.3.3 副瓣匿影

由于副瓣存在，不能判断点迹是来自主瓣的目标还是副瓣的干扰。副瓣匿影的原理是，由一个子阵面形成一个辅助的全向波束，称为匿影天线波瓣，使它的天线增益比主天线副瓣的最大增益高 3～4 dB，比较主通道和辅助通道，抑制天线副瓣进入的干扰。副瓣匿影原理示意图如图 3-33 所示。

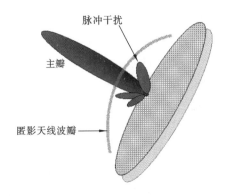

图 3-33 副瓣匿影原理示意图

副瓣匿影框图如图 3-34 所示，如果从主瓣进来的目标在主通道中出现一个大信号，而在匿影通道中同一距离出现一个小信号，则允许该信号通过；从副瓣进来的干扰在主通道中出现小信号,但在匿影通道中出现大信号,则不允许该信号通过。通过上述方法可将由副瓣进入的干扰信号抑制掉。副瓣匿影适应于对抗副瓣进入的密集假目标干扰、脉冲调制类干扰。

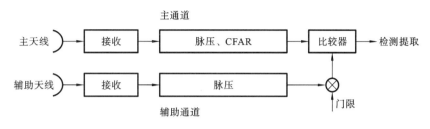

图 3-34　副瓣匿影框图

3.4.3.4　自适应副瓣对消

相控阵接收天线波束可以看成是一个空间滤波器,它对来自主瓣方向的信号具有最大的响应,而且能抑制从副瓣方向进入的杂波与干扰信号[34]。自适应副瓣对消是雷达常采用的抗干扰技术之一。相控阵雷达利用 TR 组件输出的多路接收信号进行抗干扰处理,在干扰方向实现自适应副瓣对消(也称为自适应置零)处理功能,如图 3-35 所示。

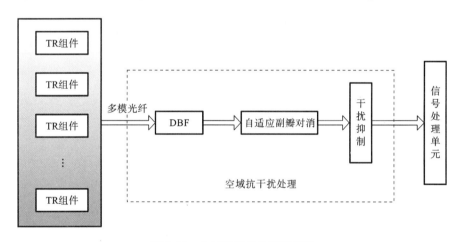

图 3-35　空域抗干扰处理流程图

自适应副瓣对消采用几个辅助天线与主天线组成一个阵列,运用阵列信号处理算法,在特定的方向形成零点,消除从副瓣进入的干扰。自适应副瓣对消的原理可形象地描述为"学什么,消什么"。

设雷达有一个主天线和 M 个辅助天线,M 个辅助天线为全向天线,其增益与主天线第一副瓣增益相当。来自某个方向的强干扰信号 $i(n)$,将被主天线的副瓣和辅助天线所接收。一般情况下,由于目标信号较弱,辅助天线接收的目标信号能量可忽略不计,如图 3-36 所示[29]。

主天线通道接收的信号为

$$y(n)=s(n)+i(n)+v(n)$$

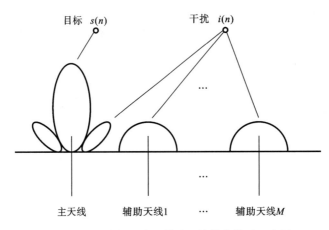

图 3-36　雷达主天线和辅助天线接收信号示意图

辅助天线通道接收的信号为

$$x_k(n)=i_k(n)+v_k(n), \quad k=1,2,\cdots,M$$

式中，$s(n)$ 为目标信号，$i(n)$、$i_k(n)$ 为干扰信号，$v(n)$、$v_k(n)$ 为噪声。

我们的目的是应用最小二乘滤波方法，通过 $x_k(n)$ 对 $y(n)$ 中的 $i(n)$ 进行估计。在计算最小二乘滤波系数时，$y(n)$ 作为期望信号，为避免 $y(n)$ 中有目标信号，影响对 $i(n)$ 的估计，对每个雷达脉冲重复周期，选择无目标区的 N 个距离单元，在该区域 $y(n)=i(n)+v(n)$。对应各通道分别获得该 N 个距离单元的数据，如图 3-37 所示。

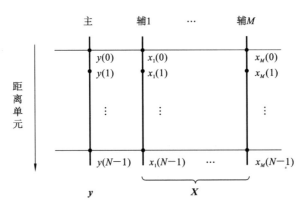

图 3-37　各通道数据向量

$i(n)$ 的估计值为

$$\hat{i}(n)=\sum_{k=1}^{M}c_kx_k(n) \tag{3.32}$$

式中，$c_k(k=1,2,\cdots,M)$ 为线性组合系数，即滤波器系数。

估计误差为

$$e(n)=i(n)-\hat{i}(n)\approx y(n)-\sum_{k=1}^{M}c_kx_k(n), \quad 0\leqslant n\leqslant N-1 \tag{3.33}$$

其矩阵方程表示为

$$\underset{\boldsymbol{e}}{\begin{bmatrix} e(0) \\ e(1) \\ \vdots \\ e(N-1) \end{bmatrix}} = \underset{\boldsymbol{y}}{\begin{bmatrix} y(0) \\ y(1) \\ \vdots \\ y(N-1) \end{bmatrix}} - \underset{\boldsymbol{X}}{\begin{bmatrix} x_1(0) & x_2(0) & \cdots & x_M(0) \\ x_1(1) & x_2(1) & \cdots & x_M(1) \\ \vdots & \vdots & & \vdots \\ x_1(N-1) & x_2(N-1) & \cdots & x_M(N-1) \end{bmatrix}} \underset{\boldsymbol{c}}{\begin{bmatrix} c_1 \\ c_2 \\ \vdots \\ c_M \end{bmatrix}}$$

根据获得的各通道数据向量,可得到误差方程为

$$\boldsymbol{e} = \boldsymbol{y} - \boldsymbol{X}\boldsymbol{c} \tag{3.34}$$

求出最小二乘滤波系数 $\boldsymbol{c}$,从而得到 $i(n)$ 的估计值

$$\hat{\boldsymbol{i}} = \boldsymbol{X}\boldsymbol{c} \tag{3.35}$$

然后实现对主通道各距离单元的干扰信号估计并对消。自适应副瓣对消示意图如图
3-38所示。通过自适应对消处理,在天线主波束照射方向,雷达能有效地接收目标回波
信号,而有源干扰方向出现极低的副瓣电平,理想情况形成空间零电平。

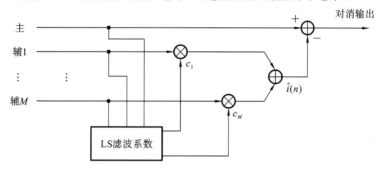

图 3-38　自适应副瓣对消示意图

　　反导预警雷达在进行自适应对消时,通常抽取若干个子阵来对干扰进行波束形成,
再将整个阵面形成的波束减去干扰形成的波束,相当于将干扰方向的波束减去一部分,
使该方向的波束能量最小,而且可同时形成多个凹口,抑制多个方向的干扰信号。副瓣
对消的实现方法很多,如脉冲压缩前对消、脉冲压缩后对消、利用时域信号对消、利用频
域信号对消等,其目的都是通过在休止期(雷达接收期结束至下一发射脉冲到来前的一
段时间)进行阵元数据采集,准确获得干扰信号的样本,以准确估计干扰数量、干扰方向
和干扰强度。

　　自适应副瓣对消适用于对抗副瓣进入的连续噪声干扰或欺骗干扰。副瓣对消会占
用较大的计算处理资源,还会对主瓣信号强度造成衰减。

3.4.3.5　盲源分离

　　盲源分离(Blind Source Separation)是 20 世纪 80 年代发展起来的信号处理技术,在
一定的约束条件下,可以从多个观测到的混合信号中分离出源信号。盲源分离的"盲"可
以理解为在处理观测数据时,我们不能得到源信号的先验信息,源信号之间的混合模式
也是未知的。盲源分离在无线通信、语音信号处理等领域得到成功应用,许多专家学者
将盲源分离应用于雷达主瓣抗干扰。

在雷达抗主瓣干扰的应用中,盲源分离需要利用雷达天线主瓣方向上多个接收通道接收目标回波和干扰的混合信号,利用算法将回波信号、干扰信号分别输出。盲源分离抗主瓣干扰原理框图如图 3-39 所示。盲源分离处理之后,将输出的各个信号进行脉冲压缩处理,能够在较低的信噪比条件下,检测到目标位置;能够抑制干扰信号对目标回波的影响;能够从混合信号中提取出干扰信号,通过对干扰信号的分析,采取更有效的抗干扰措施。盲源分离要求干扰信号和目标回波信号存在差异,例如,在方向上不能重合,在时域或频域上具有不同特征,一般情况下要求通道数不小于目标和干扰数量的总和。

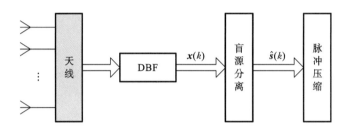

图 3-39　盲源分离抗主瓣干扰原理框图

混合信号模型可分为线性瞬时混合模型、线性卷积混合模型和非线性混合模型等类型。线性瞬时混合模型起源于著名的"鸡尾酒会问题",即如何在由背景音乐同时充满人声的环境中,分辨出每个人的声音或者只分辨出自己感兴趣的声音。对于线性瞬时混合信号模型,接收信号 $x(k)$ 可以表示为

$$x(k) = As(k) + n(k) \tag{3.36}$$

式中,$x(k) = [x_1(k), x_2(k), \cdots, x_N(k)]$ 为时刻 k 阵列天线接收到的 N 路观测信号;$s(k)$ 为时刻 k 目标信号和干扰信号矢量,目标和干扰辐射源总个数为 M;$s(k) = [s_1(k), s_2(k), \cdots, s_M(k)]$;$A$ 为 $N \times M$ 的混合矩阵;$n(k)$ 为加性噪声。

基于盲源分离的抗干扰方法是在源信号矢量 $s(k)$ 和混合矩阵 A 未知的情况下,通过对观测信号 $x(k)$ 的处理,得到分离矩阵 W,使得各个目标信号和干扰信号分离出来,则目标信号和干扰信号矢量 $s(k)$ 的估计为

$$\hat{s}(k) = Wx(k) \tag{3.37}$$

目前,盲源分离算法考虑的条件较为理想,对非平稳非高斯混合雷达信号、噪声混合模型、实际作战电磁环境下的盲源分离算法研究较少,而且在工程实现上,需要平衡算法的分离性能和分离速度。文献[52]利用阻塞矩阵对接收数据预处理,然后利用自适应波束形成抑制主瓣干扰。文献[53]提出一种基于矩阵联合对角化的盲源分离算法,实现了对主瓣噪声压制干扰的抑制。文献[8]研究了基于快速独立成分分析(Fast Independent Component Analysis,FastICA)和基于矩阵联合对角化特征矢量(Joint Approximation Diagonalization of Eigenmatrices,JADE)的盲源分离算法,并对算法的适用性和性能进行了对比分析。传统的基于 JADE 的盲源分离算法需要求解高阶累积量,并对高阶累积量进行特征分解,运算量较大,阶数较高时混合均值估计可能出现较大误差。基于 Fast ICA 的盲源分离算法鲁棒性和有效性较差,受高斯噪声影响很大。文献[54]提出了一种

盲源分离和阻塞矩阵联合抗主瓣干扰算法,利用阻塞矩阵抑制主瓣干扰接收,然后采用矩阵联合对角化特征矢量算法进行盲源分离,进而达到目标检测的目的,该算法可以有效对抗位于半波束宽度内的干扰(伴随式主瓣干扰的场景),脉冲压缩后信噪比改善明显,且对主瓣干扰方向估计的精度要求较低,具有较强的鲁棒性。

3.4.3.6 波形熵

波形熵是一种借用熵的概念来表征信号平稳度的物理量。熵的本质是一个系统"内在的混乱程度",描述了在某一给定时刻一个系统可能出现的有关状态的不确定程度。1948 年,香农(Shannon)在《通信的数学理论》论文中将统计物理中熵的概念引入到信道通信的过程中,提出了信息熵的概念,解决了对信息的量化度量问题。

波形熵通过波形比对,剔除假目标回波。文献[55]对于脉冲压缩回波信号,利用目标运动轨迹和假目标运动轨迹的差异性,提出一种捷变频联合波形熵的密集假目标干扰抑制算法。文献[56]对于脉冲压缩前回波信号,利用异步窄脉冲干扰在多个雷达脉冲回波之间呈现位置随机性的特点,提出基于波形熵的异步窄脉冲干扰抑制方法,利用实测数据证明了方法的有效性,使用该方法如果能检测到某个距离单元有脉冲干扰,则其幅度用该距离单元中脉冲回波的最小值代替,而保留原相位;否则,保留原值。设离散信号波形序列为 $x(i)(i=0,1,\cdots,N-1)$,令

$$\begin{cases} \| \boldsymbol{X} \| = \sum_{i=0}^{N-1} | x(i) | \\ P_i = \dfrac{| x(i) |}{\| \boldsymbol{X} \|} \end{cases} \tag{3.38}$$

则波形序列的波形熵定义为

$$E(X) = -\sum_{i=0}^{N-1} P_i \ln P_i \tag{3.39}$$

由波形熵的定义可得

① $0 < E(X) \leqslant \ln N$;

② $E(X)$ 值的大小与波形序列 $x(i)(i=0,1,\cdots,N-1)$ 幅度起伏有关,序列幅度起伏越大,则 $E(X)$ 值越小。当 $E(X) \to 0$ 时,表明波形序列幅度起伏剧烈;当 $E(X) = \ln n$ 时,则表明波形序列幅度相等。对于某个距离单元的回波,目标回波的波形熵较大,异步窄脉冲干扰的波形熵较小,因此可以较好地检测出异步窄脉冲干扰,进而加以抑制。

3.4.3.7 点迹过滤

受到雷达天线调制、功率控制、侦察接收机侦收中断等因素影响,干扰机释放的假目标干扰往往与真实目标不同,基于目标和干扰在时域、空域和频域上不同的相关性特征,可以利用点迹过滤方法抑制欺骗式干扰。

点迹过滤过程中,需要将真实目标的点迹尽可能保留,同时将虚假目标的点迹尽可能过滤。点迹过滤是雷达数据处理领域的研究热点,常用的点迹过滤方法主要依靠杂波点迹(干扰点迹)与真实目标点迹的差异性,基于特征提取、机器学习(支持向量机、神经网络等)或者雷达组网等技术实现真假目标的点迹分类识别。

文献[57]针对复杂环境下大量的剩余点迹,首先提取真实点迹和虚假点迹的多个特征,然后使用支持向量机进行点迹分类和过滤,以抑制大量虚假点迹。文献[58]提出了一种基于杂波综合特征评估的雷达目标点迹过滤方法,综合考虑目标与杂波在幅度起伏、距离/俯仰/方位相关性、相位变化等多维特征的不同,在多维空间实现强杂波抑制与目标点迹过滤。

3.4.4 电子干扰条件下的雷达探测效能评估

压制式干扰是指干扰机发射强大的噪声干扰功率所形成的干扰。压制式干扰样式主要是噪声和各种调制形式的噪声或通过雷达接收机能形成类似噪声的高密集杂乱脉冲串。压制式干扰与机内噪声相似,仅需知道雷达的大致频率范围即可实施干扰,能干扰检测、测量、跟踪、识别等多个环节,可从多方面评估抗干扰效果。压制式干扰条件下的雷达探测效能评估指标如图 3-40 所示。

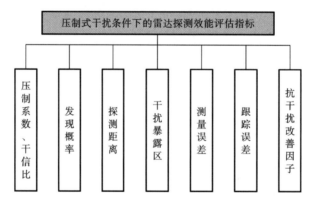

图 3-40　压制式干扰条件下的雷达探测效能评估指标

干信比(干扰信号功率比)是干扰条件下的雷达探测效能评估的最重要指标之一,根据雷达干扰方程,可得到其表达式如式(2.30)所示。干信比与许多评估指标有确定的函数关系,如探测距离、检测概率、测量精度等。

压制系数就是专门为干信比设置的效能指标。压制系数是指干扰对雷达实施有效压制所用的最小干扰功率 J_{min} 和有用信号功率 S 之比,即

$$K_J = \frac{J_{min}}{S} \tag{3.40}$$

需要注意的是,雷达接收机由多个功能环节组成,必须使用同一环节的干扰效果和压制系数。压制系数越大,则雷达的抗干扰性能越强。对于不同类型的雷达和不同的雷达功能,有效压制的含义也不同。如对于检测功能,使雷达的检测概率降低到 10% 以下,对于跟踪功能,使跟踪误差增大 2～3 倍,可视为有效压制。

干扰暴露区是指,在实施压制式干扰的情况下,雷达仍能发现目标的空间范围,包括

未受到干扰的区域和干扰压制无效的区域。实现有效干扰的基本条件就是保证 $J/S \geqslant K_{\mathrm{J}}$，将此条件代入式(2.30)，可得

$$\frac{J}{S} = \frac{P_{\mathrm{J}} G_{\mathrm{J}} G_{\mathrm{t}}(\theta) 4\pi \gamma_{\mathrm{J}} R_{\mathrm{t}}^4}{P_{\mathrm{t}} G_{\mathrm{t}}^2 \sigma R_{\mathrm{J}}^2} \cdot \frac{B_{\mathrm{n}}}{B_{\mathrm{j}}} \geqslant K_{\mathrm{J}} \tag{3.41}$$

整理后，可得到干扰机的有效干扰区域为

$$R_{\mathrm{t}}^4 \geqslant K_{\mathrm{J}} \frac{P_{\mathrm{t}} G_{\mathrm{t}}^2 \sigma R_{\mathrm{J}}^2}{P_{\mathrm{J}} G_{\mathrm{J}} 4\pi \gamma_{\mathrm{J}}} \cdot \frac{B_{\mathrm{j}}}{B_{\mathrm{n}}} \cdot \frac{1}{G_{\mathrm{t}}(\theta)} \tag{3.42}$$

式中，参数含义参见 2.4.5 节。

雷达抗干扰改善因子(EIF)表示雷达未采用抗干扰措施时系统输出的干信比 (J/S) 与采用抗干扰措施后系统输出的干信比 $(J/S)'$ 的比值，即

$$\mathrm{EIF} = \frac{J/S}{(J/S)'} \tag{3.43}$$

抗干扰改善因子值越大，表明雷达采取抗干扰措施后，要想有效干扰雷达，必须付出更大的干扰信号功率，因此，雷达的抗干扰性能越好。

发现概率，可用于考察航迹的完整性，定义为在一定时间段，统计探测范围内指定批或所有航迹的发现点迹数量与实际的总观测点迹数量的比例[59]，其表达式为

$$P_{\mathrm{d}} = \frac{\sum_{i=1}^{K} N_i}{\sum_{i=1}^{K} N_i + \sum_{i=1}^{K} M_i}, \quad R_0 < R < R_1 \tag{3.44}$$

式中，K 表示航迹的总数量；N_i 表示第 i 批航迹的发现点迹数量；M_i 表示第 i 批航迹的丢失点迹数量，$[R_0, R_1]$ 为选择的距离范围。丢失点迹数量是指，属于同一目标的航迹在中断或重新起批后丢失的点迹数量，即

$$M = T_{\mathrm{Lost}} \cdot F \tag{3.45}$$

式中，T_{Lost} 为目标航迹中断的时间长度，F 为该段时间估计得到的跟踪数据率。

欺骗式干扰是指通过雷达干扰机发射、转发或通过干扰器材反射所产生的虚假回波信号，使雷达产生错误判断的干扰。欺骗式干扰的波形与目标回波相似，含有雷达难以识别的假信息，能诱使雷达跟踪假目标，丢失真目标，或引起大的跟踪误差；可获得部分雷达信号处理增益，干扰功率利用率高。欺骗式干扰条件下的雷达探测效能评估指标如图 3-41 所示。

虚假航迹率反映了虚假空情情况，用于评估雷达经过数据处理后，剩余多少条虚假航迹，定义为虚假航迹数量与总航迹数量的比值，即

$$P_{\mathrm{f}} = \frac{M_{\mathrm{false}}}{M_{\mathrm{false}} + M_{\mathrm{true}}} \tag{3.46}$$

式中，M_{false} 表示探测范围内的虚假航迹数量；M_{true} 表示探测范围内的真实航迹数量。

空情掌握率主要对雷达威力覆盖范围内应该有而没有探测到的目标进行分析，反映雷达的漏情情况，定义为一定时间段内探测到的目标数量与实际的总目标数量的比值，即

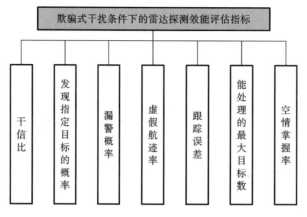

图 3-41　欺骗式干扰条件下的雷达探测效能评估指标

$$P_1 = \frac{F}{F+G} \tag{3.47}$$

式中,F 表示探测范围内雷达掌握的目标数量;G 表示探测范围内雷达未掌握的目标数量。

需要注意的是,电子干扰条件下的雷达探测效能受多种因素的影响,不仅取决于干扰,如干扰技术、干扰参数、干扰时机和干扰运用,还取决于雷达体制、工作状态和抗干扰措施等。

3.5　小　结

为了在复杂电磁环境中进行目标检测并高精度地测量目标参数,反导预警雷达同时采用了多种先进信号处理技术,每一项具体技术都凝结了许多科学家和工程技术人员的辛勤劳动与汗水。只有将学习先进技术与学习新体制雷达结合起来,将理论和实践结合起来,才能用好雷达,提出改进建议,并推进雷达信号处理不断发展,"纸上得来终觉浅,绝知此事要躬行"。

除了测量位置和运动参数,反导预警雷达还对参数测量提出了新的要求:提高雷达测量的分辨率,用于密集多目标测量、目标成像;提高测量参数的精度,用于精确定位、目标制导与拦截;提取目标特征参数,用于目标分类和识别;测量目标分离、机动变轨、翻滚、调姿等目标关键事件;在强干扰背景中进行目标参数提取与雷达目标成像。

综合干扰技术快速发展,我国少有与强敌对抗机会,相关抗干扰技术难以进行实战检验,而且在反干扰作战中,干扰发生突然,干扰样式叠加组合种类多,反干扰时效性要求高,所以平时要加强干扰数据收集整理,积累反干扰经验,研究不同干扰场景下抗干扰措施组合运用流程。针对电子战的蓬勃发展及弹道导弹目标探测所面临的复杂电磁环境,需要面向未来、面向战场,了解电子对抗技术与雷达技术的进展,开展人工智能、大数据等新理论、新技术与雷达信号处理等雷达技术的交叉融合研究,促进先进技术在雷达中实际应用。

思 考 题

3-1　数字波束形成的优点是什么?

3-2　根据单元平均类 CFAR 检测器框图,思考多目标情况下检测性能会怎样变化。

3-3　反导预警雷达目标检测的特点是什么?

3-4　简述抗干扰技术的主要种类和原理,思考各种技术的适用条件。

3-5　雷达测量一个 RCS 为 $\sigma_0 = 2 \text{ m}^2$ 的标准目标,测量得到的距离 $R_0 = 100 \text{ km}$,$(S/N)_0 = 30 \text{ dB}$,$L_{S0} = 4$,然后跟踪待测目标,测量得到的目标距离 $R_1 = 200 \text{ km}$,$(S/N)_1 = 20 \text{ dB}$,$L_{S1} = 5$。请计算出待测目标的 RCS。

3-6　介绍利用相对标定法测量 RCS 的方法。

3-7　了解 Matlab 软件 Radar Toolbox 的主要功能和使用方法,利用工具箱函数完成一例信号处理仿真,加深对理论知识的认识。

第4章

数据处理

反导预警雷达具有强大的跟踪和处理多目标能力，精确跟踪是进行弹道预报、真假目标识别及导弹拦截的前提和基础，雷达跟踪性能的优劣对整个导弹防御系统的性能都有很大的影响。本章主要介绍反导预警雷达数据处理系统的特点和技术指标，以及多目标跟踪、弹道预报等关键技术，提高跟踪精度贯穿于数据处理涉及的各关键技术中。

4.1 反导预警雷达数据处理系统的概念

● 4.1.1 反导预警雷达数据处理系统的主要功能和特点 —

由于相控阵雷达天线波束指向可快速变化的能力，它具有边扫描边跟踪（Track-While-Scan，TWS）和搜索加跟踪（Track-And-Search，TAS）两种基本工作方式。

边扫描边跟踪工作方式是指雷达天线波束在搜索扫描情况下对目标进行跟踪，是机械扫描雷达通常采用的工作方式。对飞机目标探测来说，天线波束扫描一圈的时间一般为 4～12 s。由于雷达一次测量时间固定且相对较长，因此，它在跟踪弹道导弹目标、检测目标机动、连续跟踪多个目标方面的能力有限。

搜索加跟踪工作方式是指利用相控阵天线波束扫描的灵活性和时间分割原理，以不同的数据率同时完成搜索和跟踪任务的工作方式。通过搜索加跟踪工作方式，雷达能够把搜索功能和跟踪功能分开，几乎同时跟踪多个目标。

　　数据处理分系统连接在信号处理分系统之后,基本功能是:根据录取的点迹,进行多目标自动跟踪,估计目标的运动参数,建立跟踪航迹,实现对目标的连续跟踪测量。反导预警雷达数据处理功能不断扩展,涉及多目标跟踪、群目标跟踪、威胁评估、拦截效果评估等。

　　雷达自动跟踪过程框图如图 4-1 所示。自动跟踪一般可分为五个步骤:① 接受检测点迹或拒绝检测点迹,以控制错误航迹率;② 将接受的检测点迹与现有航迹关联;③ 利用关联的检测点迹,更新现有航迹;④ 用未关联上的检测点迹,形成新航迹;⑤ 雷达调度与控制,数据处理与雷达调度和控制功能之间的交互作用对相控阵雷达至关重要[13]。

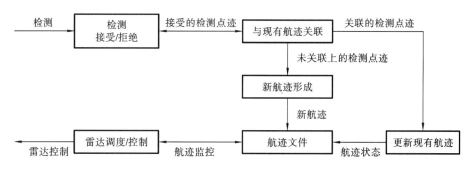

图 4-1　自动跟踪过程框图

　　近年来,随着雷达硬件、算法和计算机性能的巨大进步,雷达数据处理设备功能越来越强,复杂环境下数据处理技术快速发展。何友院士等人在《雷达数据处理及应用(第四版)》中结合雷达数据处理理论、算法和应用的最新进展,系统介绍了复杂环境下雷达多目标数据处理、跟踪滤波和多雷达数据融合等内容,开展了人工智能与雷达数据处理的跨领域交叉融合研究,通过无源雷达、脉冲多普勒雷达、相控阵雷达、雷达网数据处理和数据处理性能评估与应用等专题,讨论了雷达数据处理相关算法的具体应用[10]。

　　反导预警雷达随着功能扩展,具有多种任务类型、多种工作方式和多目标跟踪能力,充分发挥这些特点,有利于提高雷达的工作性能。反导预警雷达数据处理系统的特点归纳如下。

　　1) 根据不同的任务(搜索、确认、跟踪等)及回波类型进行不同的处理

　　反导预警雷达使用搜索加跟踪工作方式,能够完成多种任务,探测多个目标。反导预警雷达任务多样性示意图如图 4-2 所示,图中,在没有目标引导信息时,在俯仰角位置上形成一道监视屏,探测到目标后进行确认和跟踪处理,而在具有引导信息时,可在目标指示给出的位置上小的搜索空域内快速地搜索并截获。

　　反导预警雷达针对不同探测任务进行相应处理。对于同一个目标,雷达工作状态随着信息的积累程度而不断变化,探测任务处理流程如图 4-3 所示。

　　反导预警雷达数据处理的特点与其具有的多种探测任务有关。不同任务下,雷达发射不同的波束和波形,根据不同的回波类型调用不同的处理方式,能够更有效地进行数据处理[60]。

　　(1) 对于搜索任务,按照搜索资源管理模块预先编好的程序控制发射波束,实现对特定空域的搜索,以发现新目标。

　　(2) 对于确认任务,搜索到目标后,多次发射确认波束以确定回波来自目标或虚警,

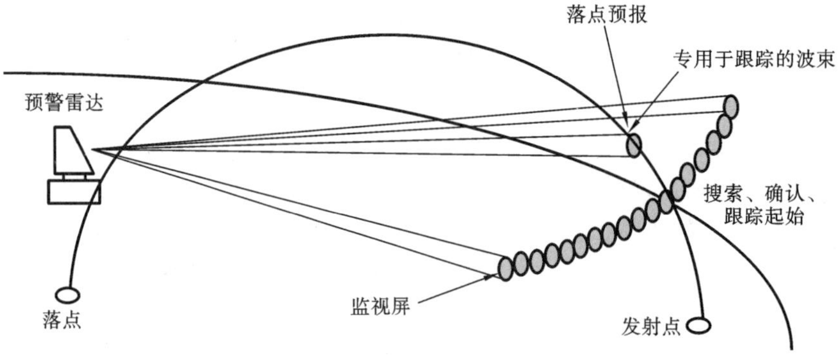

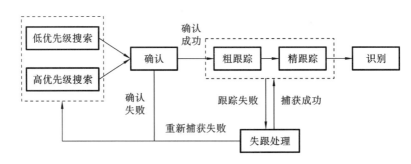

图 4-2　反导预警雷达任务多样性示意图

图 4-3　探测任务处理流程

进行航迹起始处理,确认成功后转入跟踪处理。

（3）对于跟踪任务,进行航迹相关和跟踪滤波处理,根据被跟踪的目标数目和不同的跟踪状态,数据处理与控制计算机可灵活地调整供搜索和跟踪用的信号能量分配,进行跟踪资源管理,控制波束指向和发射信号形式。对于粗跟任务,按照较低的数据率进行跟踪照射,维持跟踪;对于精跟任务,按照较高的数据率对重点目标进行重复照射,用于精确跟踪、弹道预报和识别等任务;若发现分离目标,则进行分离处理。

（4）对于失跟处理任务,对跟踪丢失目标进行补充搜索,尽快发现丢失的目标,捕获成功,则该回波对应的目标转入跟踪状态,否则,终止该航迹。

（5）对于识别任务,对于稳定跟踪的特定目标,根据所需提取的目标特征,采用相应的发射波形、发射波束、数据率和积累时间等雷达资源,数据处理分系统与信号处理分系统、目标识别分系统相互配合提取相应的目标特征,选择合适的分类器进行目标的分类识别。

2）计算机控制雷达波束和跟踪数据率,对不同目标状态选用不同的跟踪数据率

反导预警雷达在搜索的同时用跟踪波束对目标进行跟踪测量,可以按照某种规定的最优准则对目标航迹进行采样,对不同目标状态选用不同的跟踪数据率。

（1）机动情况下,以变化的数据率跟踪目标,对机动目标的跟踪数据率要高于匀速直线飞行的目标,因而能降低跟踪滤波器的误差。而当目标不机动时,又能自动恢复较长的跟踪采样间隔时间。

（2）在自动航迹起始中,当获得新点迹时,为了确定它是否属于新目标,要在短时间

内安排多次连续的确认波束进行雷达观测,可以采用更高的数据率,同时增大信号能量,因此,航迹起始时间便可大大缩短。

（3）在跟踪过程中,若丢失了一个检测点迹,可以使用短的跟踪间隔时间预测下一时刻目标的位置,在预测位置上进行波束照射,这样就不需要明显地增大相关波门的尺寸,限制了区域内出现虚假点迹的数目[60]。

4.1.2　数据处理系统的技术指标

反导预警雷达数据处理系统的技术指标[10][16]归纳如下:

（1）目标跟踪容量,包括弹道目标跟踪容量和飞机目标跟踪容量。雷达处理多批目标的能力一般指雷达能同时跟踪多少目标,根据雷达要完成的不同特定任务,合理定出要实时跟踪的目标数目。

（2）跟踪精度,包括距离、方位、高度和径向速度等跟踪精度,它主要取决于雷达测量精度、所采用的数据关联和跟踪滤波算法等。

（3）跟踪数据率,为跟踪采样时间间隔的倒数。多目标情况下,按目标重要性可以有不同的数据率,数据率在资源分配和工作方式安排中是一个重要的控制参数。

（4）真目标丢失概率和虚假航迹概率,两者相互制约,需要统筹考虑。雷达会受到有源干扰与无源干扰,雷达要处理的虚假目标数量将显著增加,虚假航迹可能导致雷达要处理的目标数量显著增加和资源的消耗,也会影响跟踪精度等。

（5）目标分类识别正确率（卫星导弹分类识别正确率）。

（6）弹道预报精度。

4.2　多目标跟踪技术

稳定、准确地跟踪多个目标,对目标航迹进行正确关联是后续进行弹道预报、目标识别和引导拦截的前提,不断提高跟踪精度,精益求精,是数据处理一直追求的目标。

4.2.1　弹道导弹的运动特性及对目标跟踪的影响

弹道导弹目标对雷达目标跟踪提出了严峻挑战,跟踪主要解决两个基本问题:目标运动的不确定性、测量的不确定性[9]。前者是运动模型问题,后者是跟踪滤波与关联问题。

20 世纪 60 年代,人们就开始研究中段弹道目标的跟踪技术。相对于助推段和再入段,中段运动轨迹可预测性更强,更有利于雷达跟踪。在弹道中段目标雷达识别中,通常采用窄带和宽带分时工作的方法,窄带用于目标跟踪,宽带用于目标成像,在对宽带回波进行 Stretch 处理时,如果不能实施有效的窄带跟踪,则 Stretch 处理所需的参考时延就不能精确获得,目标的宽带成像就无从谈起。简言之,中段弹道跟踪对雷达来说相对有利且非常重要,因此研究中段跟踪技术具有重要意义。

但是,考虑到导弹跟踪问题的特殊性和敏感性,对导弹目标动力学模型及其在不同跟踪坐标系之间的转换等问题,通常过于简化。弹道导弹是典型的非合作目标,具有各种不确定因素,如推力大小、目标质量、空气动力特性等,导弹运动建模较为困难。新型的战术弹道导弹为增加突防能力,常在再入段或中段的末段实施机动变轨飞行,甚至全程实施机动变轨飞行,使雷达难以预测下一时刻的位置。加强对目标运动规律的认识,对弹道导弹运动过程进行充分建模,可以降低对目标运动描述的不确定性。

在研究弹道目标跟踪时,经常会面临着缺乏实测弹道数据的情况,此时仿真生成标准弹道就成为一种必需的手段。在弹道学中,标准弹道是指在给定的初始条件下,求解相对标准条件建立起来的标准弹道方程组所获得的导弹质心运动轨迹。应该注意的是,与标准弹道相对应的标准条件应依据研究问题的内容和性质的不同而有所不同。例如,对近程导弹而言,由于射程和飞行时间不长,常把地球视为不自转的圆球体作为标准的地球物理条件。而对于中远程导弹而言,通常是把地球视为旋转着的正常椭球体作为标准地球物理条件。基本的标准弹道生成方法有龙格-库塔积分法和 Newton 迭代法。相比较而言,龙格-库塔积分法更为通用,它不仅适应于中段弹道生成,还适应于其他给定了确定的非线性常微分方程组及初始条件的轨迹的生成,如再入段弹道生成、无动力的机动再入段的生成等。另外,龙格-库塔积分形式更为简单,更适合计算机仿真。一些工具如卫星工具包软件(Satellite Tool Kit,STK)也可以提供标准弹道数据,利用 STK 产生标准弹道如图 4-4 所示。

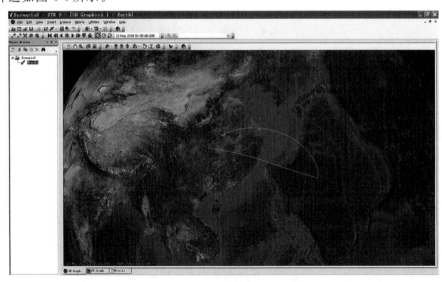

图 4-4　利用 STK 产生标准弹道

在测量的不确定性方面,目标高速运动所引起的距离-多普勒耦合会增大测量误差,姿态闪烁会造成 RCS、信噪比起伏等。

测量的不确定性在目标密集情况下更加突出,由于目标间的相互干扰,一方面会造成错误关联,通常会导致获取的测量值与已跟踪航迹之间存在关联上的不确定性,以及合批、混批或丢批;另一方面会影响目标检测和目标分辨,由于目标间距离近,容易造成部分目标难以过检测门限或者无法分辨,导致目标点迹断续,难以维持稳定的航迹。

4.2.2　多目标跟踪的概念和处理流程

当空中多个目标分布密集,或者雷达回波中存在杂波或干扰,则必须讨论多目标跟踪问题。多目标跟踪是根据雷达获得的一系列包含目标、噪声、杂波和干扰的测量数据对多个运动目标的状态进行实时预测和估计,包括估计目标航迹和速度、检测目标机动、预测目标位置。

多目标跟踪的基本概念首先由 Wax 于 1955 年提出,Sittler 在数据关联方面取得了突破,直到 20 世纪 70 年代初期,在工程领域中广泛应用了卡尔曼滤波技术,Barshalom 和 Singer 进行了完善,促进了现代多目标跟踪技术的进一步发展。

多目标跟踪技术是目前相关领域的研究热点,是数据相关技术与现代滤波理论的有机结合,其中点迹航迹关联是多目标跟踪技术中最重要而又最困难的问题,跟踪滤波算法类型较多,应用广泛,新算法不断出现,常用的有卡尔曼滤波类和粒子滤波类算法。多目标跟踪系统的输入和输出示意图如图 4-5 所示。

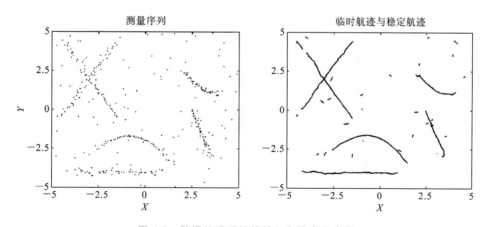

图 4-5　数据处理系统的输入和输出示意图

下面介绍与多目标跟踪相关的几个概念和定义。

测量值是指与目标状态有关的受噪声污染的观测值,有时也称为点迹或量测值。雷达对运动目标进行测量,其测量值具有如下两个特点:

(1) 测量值是一个测量的序列。因为目标是运动的,故测量值随着时间而变化,并且测量往往是在离散的时刻点上进行的,因而得到的测量值是一个测量的序列。

(2)测量值是一组包含运动目标参数的随机序列。因为测量不可避免地存在着误差,尤其存在各种随机性的误差,因而雷达对运动目标进行测量,得到的是一组包含运动目标参数的随机序列。

暂时航迹是由两个或多个测量点迹组成的并且航迹质量较低的航迹,它可能是目标航迹,也可能是随机干扰,即虚假航迹。

航迹是对来自同一目标的测量值集合经过滤波等处理后,由该目标在各个时刻的状态估计所形成的轨迹。

航迹处理是将同一个目标的点迹连成航迹的处理过程。反导预警雷达航迹处理的功能是对接收到信号处理的检测数据进行点迹航迹关联处理,形成跟踪航迹;完成对航迹批号、航迹数据率等的航迹管理功能。

多目标跟踪处理流程如图 4-6 所示,主要包括航迹起始、点迹航迹关联、跟踪滤波和航迹终止等步骤。

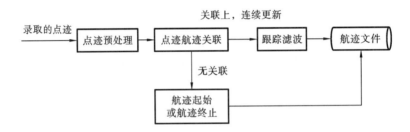

图 4-6　多目标跟踪处理流程

(1)点迹预处理。主要包括距离速度解模糊、坐标变换、野值剔除、误差协方差矩阵转换、系统误差修正、时空对准等。

(2)航迹起始。对新发现的目标回波和没关联上的点迹,进行新航迹起始。反导预警雷达跟踪弹道导弹目标时面临多目标和复杂电磁环境产生的虚警问题,同时目标运动速度快,这就要求雷达探测到新的量测点迹时,能快速自动起始目标航迹,同时应避免由于虚假点迹而建立虚假航迹。反导预警雷达为了缩短航迹起始时间,当获得新点迹时,通常要在短时间内安排多次连续的确认波束进行雷达观测,以验证新点迹是新目标还是虚警,接下来应用 k/m 准则,以决定是否将一个暂时航迹进行航迹起始。

(3)点迹航迹关联。通常情况下存在多个目标,各个目标都有自己的航迹,新点迹通过相关波门与各自的航迹建立关联。

(4)跟踪滤波与波门预测。关联上的点迹用来更新航迹信息,并形成对目标下一位置的预测波门。根据对该目标所建立的状态方程,对该点迹数据进行相应的平滑滤波、预测外推处理,实现目标航迹的更新。这样的过程持续下去,即实现了目标的稳定连续跟踪。

(5)航迹终止。当对一个处于跟踪状态的目标不再关心或该目标的航迹质量变差时,可以通过人工干预或自动的方式结束该条航迹,实现航迹的终止。

● 4.2.3　点迹航迹关联算法

　　在多目标跟踪中,点迹航迹关联问题是整个跟踪问题的核心和关键。点迹航迹关联的目的是建立某时刻的量测数据和目标航迹的匹配关系,通俗地说,点迹航迹关联就是决定哪一个点迹用于哪条航迹。当点迹与航迹关联后,目标的状态信息将通过跟踪滤波算法得以更新。

4.2.3.1　相关波门

　　航迹起始、航迹终止和点迹航迹关联过程中要用到相关波门的概念。相关波门是一个以被跟踪目标预测位置为中心的区域,该区域决定了来自该目标的下一个点迹可能出现的位置范围。相关波门示意图如图 4-7 所示。

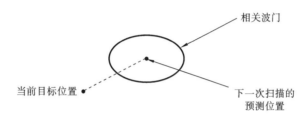

图 4-7　相关波门示意图

　　相关波门的大小和形状一般根据数据率、目标的运动状态(速度、加速度、运动方向、扰动的大小)等因素来确定,以保证该目标的下一个真实点迹以尽可能大的概率落在该区域,同时使与该目标无关的点迹落在该区域的概率尽可能小[62]。这样,在接下来的点迹航迹关联中就只需在该波门内进行处理。

　　下面以新息概念为基础,获得统计意义上最优的相关波门,以便对测量值 $x(n)$ 是否落入相关波门进行统计判断。

　　对某个目标,令时刻 $n-1$ 目标的估计值为 $\hat{s}(n-1|n-1)$,根据式(4.6)所示的量测方程可得到测量预测值为 $\hat{x}(n|n-1)$,即用 $n-1$ 时刻及其以前的测量值 $X(n-1)=[x(0),x(1),\cdots,x(n-1)]^{\mathrm{T}}$ 去预测 n 时刻的测量值,则量测预测误差记为

$$e(n)=x(n)-\hat{x}(n|n-1) \tag{4.1}$$

$e(n)$ 是 $x(n)$ 与 $X(n-1)$ 不相关(正交)的部分,也称为新息,如图 4-8 所示。

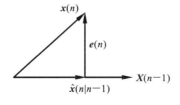

图 4-8　新息示意图

新息对应的协方差矩阵为

$$\boldsymbol{R}_e(n) = E\left[\boldsymbol{e}(n)\boldsymbol{e}^{\mathrm{T}}(n)\right] \tag{4.2}$$

定义统计距离

$$\begin{aligned} d(n) &= \boldsymbol{e}^{\mathrm{T}}(n)\boldsymbol{R}_e^{-1}(n)\boldsymbol{e}(n) \\ &= \left[\boldsymbol{x}(n) - \hat{\boldsymbol{x}}(n|n-1)\right]^{\mathrm{T}}\boldsymbol{R}_e^{-1}(n)\left[\boldsymbol{x}(n) - \hat{\boldsymbol{x}}(n|n-1)\right] \end{aligned} \tag{4.3}$$

选择门限 γ，则相关波门判决式为

$$d(n) \leqslant \gamma \tag{4.4}$$

判决式成立说明测量值 $\boldsymbol{x}(n)$ 落入以 γ 为门限的椭圆波门内，测量值 $\boldsymbol{x}(n)$ 与航迹相关，否则无关。

4.2.3.2 点迹航迹关联算法的比较

当只有单一点迹落入某个目标的相关波门内时，相关过程比较简单。当存在多目标和虚假点迹时，关联较困难。可能出现多于一个点迹落入相关波门内，或是单个点迹落入多个相关波门的交集内，这时就需要运用关联算法建立的逻辑进行反复判断，才能完成相关过程[60]。

关联算法的选择取决于目标及环境、数据率、跟踪精度及测量精度等因素，实现算法非常多，下面仅给出几种经典的关联算法[24][13]：

（1）最近邻数据关联算法，简称最近邻算法。

该算法在 1971 年由 Singer 提出，该算法利用统计意义下与被跟踪目标预测状态最近的测量值作为目标测量值。

假设 n 时刻目标的测量预测值为 $\hat{\boldsymbol{x}}(n|n-1)$，此时相关波门内存在 m 个点迹数据 $\boldsymbol{x}_i(n)$，$i = 1, 2, \cdots, m$，则选择统计距离作为合理的距离度量，如式（4.3）所示，可改写为

$$d_i(n) = \left[\boldsymbol{x}_i(n) - \hat{\boldsymbol{x}}(n|n-1)\right]^{\mathrm{T}}\boldsymbol{R}_e^{-1}(n)\left[\boldsymbol{x}_i(n) - \hat{\boldsymbol{x}}(n|n-1)\right], \quad i = 1, 2, \cdots, m \tag{4.5}$$

统计距离是对欧式距离的修正，是综合考虑了雷达的距离和角度测量误差、航迹预测误差及目标机动等因素后导出的一种较为合理的距离度量。通常，雷达沿径向的距离测量精度高于沿横向的角度测量精度，在远距离上尤为明显，因此，在确定径向距离测量精度时需要更多地考虑横向角度测量精度的影响。

最近邻算法步骤如下：① 由椭圆波门选择候选点迹；② 计算每个测量值的新息及新息对应的协方差矩阵；③ 根据式（4.5）计算每个测量值至测量预测值的统计距离；④ 选择统计距离最小的测量值作为与该航迹关联的测量值。

最近邻算法计算量小、实现简单，适用于不太密集的多目标环境。但是在密集多目标环境中，因为离目标预测位置最近的点迹并不一定是目标的真实点迹，容易出现错误关联。

（2）全局最近邻关联算法。

该算法考虑了多目标关联问题，使测量结果与分配航迹之间的距离之和最小。Kuhn-Munkres 算法可实现这种算法，但该算法计算量大，因此，实际常使用其他一些计算量小的算法。

（3）概率数据关联（Probabilistic Data Association，PDA）算法。

PDA 算法在 1975 年由 Bar-Shalom 提出[16]，与最近邻方法不同，PDA 算法全面考虑跟踪波门内的所有候选点迹，并根据不同相关情况计算出以概率表示的加权系数，用所有候选点迹的加权和表示等效点迹，然后用等效点迹更新目标航迹。PDA 算法的最大优点在于较易实现，适用于杂波环境下的单目标关联。但在多目标交叉场景下，由于目标间的相互影响，难以处理多目标的跟踪问题。

（4）联合概率数据关联（Joint Probabilistic Data Association，JPDA）算法。

JPDA 算法考虑了多目标关联问题，其基本思想是：引入确认矩阵的概念描述测量值与不同目标互联的情况，按照一定的原则对确认矩阵进行拆分得到互联矩阵，进而确定可行互联事件并计算其概率，利用概率加权对目标状态进行更新。JPDA 算法适用于杂波环境下多目标关联，但在跟踪相互靠近的多目标时，跟踪性能较差，计算复杂度较高。

（5）多假设跟踪（Multiple Hypotheses Tracking，MHT）算法。

MHT 算法在 1978 年由 Reid 首先提出，它是一种在数据关联发生冲突时，形成多种假设以延迟做决定的逻辑。与 PDA 算法合并多种假设的做法不同，MHT 算法把多个假设继续传递，让后续的观测数据解决这种不确定性。MHT 算法主要包括聚类的构成、假设的产生、每一个假设的概率计算及假设约简[64]。

MHT 算法是一种多帧方法，利用后续帧的多帧信息进行积累，减少关联的不确定性，可以将复杂、困难的关联问题延迟到后续帧内完成，并且有机会更改过去的关联决策以提高效果，也可以处理目标的分裂与合并，因此它是未来复杂跟踪系统的发展方向。MHT 算法集航迹起始、航迹维持、航迹终结于一体，是目前公认的一种功能强大的最优多目标跟踪方法，在密集目标情况下，可以用于提高航迹完整性。MHT 算法应用的最大障碍在于其组合爆炸所带来的巨大计算量需求，因此，该算法设计的难题在于如何控制其计算量。

反导预警雷达可采用 MHT 算法来解决导弹群目标跟踪问题，在数据关联发生冲突时，形成多种可能的关联假设以延迟关联决定，有效解决合批、混批或丢批问题[9]。

4.2.4　跟踪滤波算法

在非线性滤波算法中，扩展卡尔曼滤波应用非常广泛。粒子滤波在处理具有非线性模型和非高斯噪声的滤波问题时有突出的能力，实现直接，能并行处理，已经引起了广泛的关注。反导预警雷达通常建立弹道导弹全耦合运动模型，准确表述导弹的运动过程，并通过扩展卡尔曼滤波器来处理非线性滤波问题，以抑制观测随机噪声，获得较高的跟踪处理精度。

4.2.4.1　跟踪滤波系统概述

跟踪滤波系统通过雷达测量值对目标的状态进行动态估计，一个完整的跟踪滤波系统包括状态方程、量测方程、先验知识和滤波算法[15][35][61]。

状态方程是对目标运动的描述,也称为运动方程,描述目标状态向量随时间的演变关系。基于弹道导弹目标的动力学模型,可以建立非线性差分运动方程。例如,以非线性马尔科夫离散时间随机过程表示的状态方程可表示为

$$s_{n+1} = f_n(s_n, u_n) \qquad (4.6)$$

式中,s_n 是状态向量,通常指目标的真实坐标,包括位置、速度、加速度,实际中,随着雷达信息获取能力和数据处理技术的提高,也常根据目标的特征来选择状态向量,如姿态、质阻比、回波幅度、图像信息等特征,辅助进行跟踪,对状态空间及其维数的选择对目标运动的描述至关重要;f_n 是非线性状态转移函数;u_n 是模型噪声向量,不一定是高斯分布或是白噪声向量。

目标动力学模型是对目标运动规律的假设,是建立状态方程的基础,目标动力学模型的精确与否对目标的跟踪精度有重要的影响。动力学模型复杂度可以根据跟踪的精确需求而定。文献[9]在考虑地球椭球体、地球自转、地球引力和大气阻力等因素的基础上,建立弹道导弹动力学模型。根据牛顿定律知,弹道导弹等典型空间目标的动力学模型可描述为以重力(g)为中心的运动,即

$$\dot{v}_R = \gamma_R = \frac{R_A}{m} + g - \left[\Gamma_E + 2\Omega_E \times v_R + \Omega_E \times (\Omega_E \times v_R) \right] \qquad (4.7)$$

式中,v_R 和 γ_R 分别表示速度和加速度;R_A 是空气作用力,其值依赖于局部大气密度;m 为目标质量;g 是目标的重力加速度,随着目标位置而变化,重力加速度模型的选择需根据应用的场景和要求的跟踪精度而定;方括号中的表达式综合了向心加速度和科里奥利项,$\times$ 表示向量的叉乘。在弹道目标跟踪算法中,地球模型通常有平地球模型、圆球地球模型、椭球地球模型三种,对应的重力加速度模型分别为垂直向下的常重力加速度模型、基于牛顿万有引力定律的平方反比加速度模型、地球形状动力学系数修正的重力加速度模型。实际中,动力学模型中的摄动因素通过状态方程的模型噪声来描述,如模型近似产生的运动过程描述不精确、大气状态及地球引力场的不确定性等[34]。

量测方程描述状态向量和测量值之间的函数关系。雷达测量值可提供目标距离、角度或速度信息,对坐标系的选择决定着量测方程的非线性程度[34]。量测方程一般可描述为

$$x_n = h_n(s_n, w_n) \qquad (4.8)$$

式中,s_n 是状态向量,x_n 是量测向量,h_n 是量测函数,w_n 是量测噪声,与 x_n 条件独立。

先验知识,或称为初始分布,是零时刻雷达获取的关于目标状态 s_0 的信息,如状态向量的估计及其不确定性的度量,通常可表示为关于 s_0 的先验概率密度函数。

为了递推实现,跟踪滤波大多采用的是贝叶斯滤波算法。最优贝叶斯迭代滤波器如图 4-9 所示,可分为两步,即预测和滤波[34]。预测阶段用时刻 $n-1$ 以前的所有数据和假定的状态方程,预测目标在时刻 n 的状态值;滤波阶段用时刻 n 的测量值修正状态预测值。

在实际中,贝叶斯迭代滤波器难以解析处理,常用卡尔曼滤波、扩展卡尔曼滤波、粒

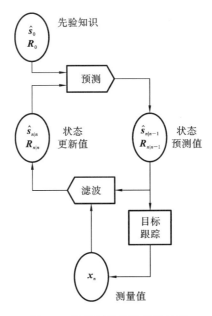

图 4-9　最优贝叶斯迭代滤波器

子滤波等算法进行简化。对于机动目标跟踪,可采用交互式多模型(Interactive Multiple Models,IMM)方法,该方法综合利用多种运动模型对目标进行跟踪,如匀速模型、匀加速模型和 Singer 机动模型等,各模型之间的转移由马尔科夫概率转移矩阵确定,每个运动模型对应着不同的跟踪滤波器,各滤波器的输出经加权处理后作为最终的目标跟踪滤波值。

为了比较各种跟踪滤波器的性能,我们必须给出一些常用的衡量标准。跟踪滤波的位置(或速度)误差定义为[60]

$$\sigma_s^2(k) = \frac{1}{N} \sum_{i=k-N+1}^{k} \left[\hat{s}(i|i) - s(i) \right]^2 \tag{4.9}$$

式中,$s(i)$ 是第 i 时刻的位置或速度;$\hat{s}(i|i)$ 是 $s(i)$ 的估计值;N 为采样点数。可知,$\sigma_s^2(k)$ 越小,表明滤波效果越好,反之则越差。

弹道导弹目标跟踪技术是相当复杂的问题,共性、基础性因素包括地球模型、受力状况、目标动力学模型、跟踪坐标系、非线性滤波技术、过程噪声参数设计等。

4.2.4.2　常用坐标系

跟踪处理过程与坐标系紧密相关,对状态方程和量测方程的描述必须结合具体的坐标系进行。不同坐标系间能够相互转换。一般地,目标状态及其协方差的预测在地心惯性(Earth-Central Inertial,ECI)坐标系下完成,在从 ECI 坐标系到雷达站球坐标系的转换过程中,首先从 ECI 坐标系转换到地心(Earth-centered,EC)坐标系、雷达站直角坐标系,再转换到雷达站球坐标系。

地心(EC)坐标系 O_e-$X_f Y_f Z_f$ 是一个相对地球固定的坐标系,其坐标原点在地心 O_e,$O_e X_f$ 轴在赤道平面内指向格林威治天文台所在的子午线,即经度零度,$O_e Z_f$ 轴垂直于赤道平面指向北极。O_e-$X_fY_fZ_f$ 组成右手直角坐标系。

地心惯性（ECI）坐标系 O_e-$X_IY_IZ_I$ 是在一个惯性空间中,也就是相对于一个"固定的"恒星来说是不动的。它的原点在地心 O_e,O_eX_I 轴在赤道平面内指向平春分点,O_eZ_I 轴垂直于赤道平面,与地球自转轴重合,指向北极。O_eY_I 轴的方向是使得该坐标系成为右手直角坐标系的方向。

ECI 坐标系与 EC 坐标系的区别在于:前者不随地球自转,三轴指向固定不变;后者随地球自转,三轴指向不断改变[34]。为讨论方便,通常假定在某一参考时刻(如导弹发射时刻、导弹的关机时刻或者雷达开始检测到目标的时刻)两个坐标系是重合的。从参考时刻经过时间 t 后,O_eX_I 和 O_eX_f 的夹角为 ωt,其中 ω 是地球自转角速度。两个坐标系之间的关系如图 4-10 所示。

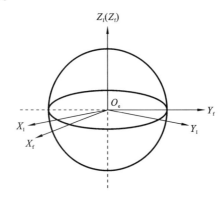

图 4-10　地心坐标系与地心惯性坐标系

在弹道目标跟踪中,雷达站直角坐标系 O_r-$X_rY_rZ_r$,也称为雷达站北天东(NUE)直角坐标系,它是一种常用的非惯性坐标系,其坐标原点为雷达中心 O_r,O_rX_r 和 O_rZ_r 是地球参考椭球的切线,分别指向北和东,而 O_rY_r 轴垂直于当地水平面向上,对应的雷达站球坐标表示为 (R,φ,θ),R 为目标距雷达的距离,φ 为方位角,θ 表示俯仰角。地心坐标系与雷达站直角坐标系之间的关系如图 4-11 所示,P 为目标位置,R_e 为地球半径。

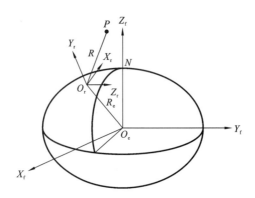

图 4-11　地心坐标系与雷达站直角坐标系

对于跟踪时的坐标系有多种选择。通常,目标状态方程在地心惯性坐标系或雷达站直角坐标系下描述,比较方便预测外推,计算简单,而测量值在雷达站球坐标系下表示。尽管坐标系转换比较容易,但坐标系转换会导致数据非线性,从而降低滤波器性能。需要注意的是,不同文献中关于坐标系的定义略有差别,在使用时保持转换关系一致,就不影响最终的结果。比如,雷达站直角坐标系也常定义为雷达站东北天(ENU)直角坐标系[34],与雷达站北天东直角坐标系相比,差别仅是 X、Y、Z 轴的顺序不同。

4.2.4.3　扩展卡尔曼滤波算法

卡尔曼滤波问题,即以某种最优方式联合求解状态方程和量测方程的问题,可以描述为:利用所有由测量值 $x(1),x(2),\cdots,x(n)$ 组成的观测数据,对所有的 $n \geqslant 1$,寻找状态 $s(i)$ 的最小均方估计。若 $i=n$,该问题称为滤波;若 $i>n$,称为预测;若 $1 \leqslant i<n$,则称为平滑。

1960 年卡尔曼(R. E. Kalman)在维纳滤波基础上,引入期望信号的状态方程,利用前一时刻的状态估计值和现时刻的测量值来更新对状态变量的估计,形成一种递归估计(滤波)算法,即卡尔曼滤波算法[60]。卡尔曼滤波是在线性高斯情况下利用最小均方误差准则获得目标的动态估计,该算法计算量小,并适应于非平稳过程,被广泛应用于制导、雷达目标跟踪等领域。当目标的运动状态能用匀速直线运动模型描述时,速度允许有轻微的变化,可用卡尔曼滤波器对目标进行最佳跟踪。然而一旦目标出现机动,偏离预定的运动模型,此时卡尔曼滤波器会出现发散现象,即估计值越来越偏离真实值,随着观测次数的增加,滤波的均方误差逐渐增大。

在实际系统中,譬如弹道目标跟踪中,目标的状态方程及量测方程是非线性的,且很难获得准确的系统噪声统计特性。针对这种问题,通常将非线性滤波问题转换为一个近似的线性滤波问题,其中最常用的线性化方法是泰勒级数展开,取前两阶,所得到的滤波方法即为扩展卡尔曼滤波(Expanded Kalman Filter,EKF)[63]。

设非线性的状态方程和量测方程分别为

$$s(n)=a(s(n-1))+B(n)u(n), \quad n \geqslant 0 \tag{4.10}$$

$$x(n)=h(s(n))+w(n), \quad n \geqslant 0 \tag{4.11}$$

式中,$s(n)$ 为 p 维状态向量,$B(n)$ 是已知的 $p \times r$ 矩阵,$u(n) \sim N(0, R_u)$ 为 r 维系统高斯白噪声向量,$x(n)$ 为 m 维量测向量,$w(n) \sim N(0, R_w)$ 为 m 维观测高斯白噪声向量。

通过对 a 和 h 的线性化后,再应用线性卡尔曼滤波算法,即扩展卡尔曼滤波(EKF)算法。设 $f(x)$ 是 $R^n \rightarrow R^m$ 的函数,$f(x)=[f_1(x), f_2(x), \cdots, f_m(x)]^T$,$x=[x_1, x_2, \cdots, x_n]^T$。$p \in R^n$,$f(x)$ 在 p 点可微分,那么 $f(x)$ 在 p 点的一阶泰勒级数展开为

$$f(x) \approx f(p)+F(p)(x-p) \tag{4.12}$$

式中,$F(p)$ 为雅可比矩阵,即

$$F(p)=\begin{bmatrix} \dfrac{\partial f_1}{\partial x_1} & \cdots & \dfrac{\partial f_1}{\partial x_n} \\ \vdots & & \vdots \\ \dfrac{\partial f_m}{\partial x_1} & \cdots & \dfrac{\partial f_m}{\partial x_n} \end{bmatrix}_{x=p} \tag{4.13}$$

为线性化 $\boldsymbol{a}(\boldsymbol{s}(n-1))$，在 $\hat{\boldsymbol{s}}(n-1|n-1)$ 点展开一阶泰勒级数，得

$$\boldsymbol{a}(\boldsymbol{s}(n-1))\approx\boldsymbol{a}(\hat{\boldsymbol{s}}(n-1|n-1))+\boldsymbol{A}(n-1)(\boldsymbol{s}(n-1)-\hat{\boldsymbol{s}}(n-1|n-1)) \tag{4.14}$$

式中，$\boldsymbol{A}(n-1)$ 为雅可比矩阵，表示为

$$\boldsymbol{A}(n-1)=\frac{\partial\boldsymbol{a}}{\partial\boldsymbol{s}(n-1)}\bigg|_{\boldsymbol{s}(n-1)=\hat{\boldsymbol{s}}(n-1|n-1)}=\begin{bmatrix}\frac{\partial a_1}{\partial s_1}&\cdots&\frac{\partial a_1}{\partial s_p}\\\vdots&&\vdots\\\frac{\partial a_p}{\partial s_1}&\cdots&\frac{\partial a_p}{\partial s_p}\end{bmatrix}_{\boldsymbol{s}(n-1)=\hat{\boldsymbol{s}}(n-1|n-1)} \tag{4.15}$$

$$\boldsymbol{a}(\boldsymbol{s}(n-1))=\left[a_1(\boldsymbol{s}(n-1)),a_2(\boldsymbol{s}(n-1)),\cdots,a_p(\boldsymbol{s}(n-1))\right]^{\mathrm{T}} \tag{4.16}$$

$$\boldsymbol{s}(n-1)=\left[s_1(n-1),s_2(n-1),\cdots,s_p(n-1)\right]^{\mathrm{T}} \tag{4.17}$$

为线性化 $\boldsymbol{h}(\boldsymbol{s}(n))$，在 $\hat{\boldsymbol{s}}(n|n-1)$ 点展开一阶泰勒级数，得

$$\boldsymbol{h}(\boldsymbol{s}(n))\approx\boldsymbol{h}(\hat{\boldsymbol{s}}(n|n-1))+\boldsymbol{H}(n)(\boldsymbol{s}(n)-\hat{\boldsymbol{s}}(n|n-1)) \tag{4.18}$$

式中，$\boldsymbol{H}(n)$ 为雅可比矩阵，表示为

$$\boldsymbol{H}(n)=\frac{\partial\boldsymbol{h}}{\partial\boldsymbol{s}(n)}\bigg|_{\boldsymbol{s}(n)=\hat{\boldsymbol{s}}(n|n-1)}=\begin{bmatrix}\frac{\partial h_1}{\partial s_1}&\cdots&\frac{\partial h_1}{\partial s_p}\\\vdots&&\vdots\\\frac{\partial h_M}{\partial s_1}&\cdots&\frac{\partial h_M}{\partial s_p}\end{bmatrix}_{\boldsymbol{s}(n)=\hat{\boldsymbol{s}}(n|n-1)} \tag{4.19}$$

$$\boldsymbol{h}(\boldsymbol{s}(n))=\left[h_1(\boldsymbol{s}(n)),h_2(\boldsymbol{s}(n)),\cdots,h_M(\boldsymbol{s}(n))\right]^{\mathrm{T}} \tag{4.20}$$

$$\boldsymbol{s}(n)=\left[s_1(n),s_2(n),\cdots,s_p(n)\right]^{\mathrm{T}} \tag{4.21}$$

将式(4.14)和式(4.18)分别代入式(4.10)和式(4.11)，得到线性化的状态方程和量测方程为

$$\boldsymbol{s}(n)=\boldsymbol{A}(n-1)\boldsymbol{s}(n-1)+\boldsymbol{B}(n)\boldsymbol{u}(n)+(\boldsymbol{a}(\hat{\boldsymbol{s}}(n-1|n-1))-\boldsymbol{A}(n-1)\hat{\boldsymbol{s}}(n-1|n-1)) \tag{4.22}$$

$$\boldsymbol{x}(n)=\boldsymbol{H}(n)\boldsymbol{s}(n)+\boldsymbol{w}(n)+(\boldsymbol{h}(\hat{\boldsymbol{s}}(n|n-1))-\boldsymbol{H}(n)\hat{\boldsymbol{s}}(n|n-1)) \tag{4.23}$$

根据式(4.22)和式4.23)，导出的扩展卡尔曼滤波算法为

(1) 设定初始值

$$\hat{\boldsymbol{s}}(-1|-1)=E[\boldsymbol{s}(-1)], \quad \boldsymbol{R}_{\bar{s}}(-1|-1)=\boldsymbol{R}_s \tag{4.24}$$

(2) 预测状态($p\times1$)

$$\hat{\boldsymbol{s}}(n|n-1)=\boldsymbol{a}(\hat{\boldsymbol{s}}(n-1|n-1)) \tag{4.25}$$

(3) 计算状态预测误差相关矩阵($p\times p$)

$$\boldsymbol{R}_{\bar{s}}(n|n-1)=\boldsymbol{A}(n-1)\boldsymbol{R}_{\bar{s}}(n-1|n-1)\boldsymbol{A}^{\mathrm{T}}(n-1)+\boldsymbol{B}(n)\boldsymbol{R}_u\boldsymbol{B}^{\mathrm{T}}(n) \tag{4.26}$$

(4) 计算卡尔曼滤波增益矩阵($p\times M$)

$$\boldsymbol{K}(n)=\boldsymbol{R}_{\bar{s}}(n|n-1)\boldsymbol{H}^{\mathrm{T}}(n)\left[\boldsymbol{H}(n)\boldsymbol{R}_{\bar{s}}(n|n-1)\boldsymbol{H}^{\mathrm{T}}(n)+\boldsymbol{R}_w\right]^{-1} \tag{4.27}$$

(5) 更新状态($p\times1$)

$$\hat{\boldsymbol{s}}(n|n)=\hat{\boldsymbol{s}}(n|n-1)+\boldsymbol{K}(n)\left[\boldsymbol{x}(n)-\boldsymbol{h}(\hat{\boldsymbol{s}}(n|n-1))\right] \tag{4.28}$$

(6) 计算滤波误差相关矩阵($p\times p$)

$$\boldsymbol{R}_{\bar{s}}(n|n)=\left[\boldsymbol{I}-\boldsymbol{K}(n)\boldsymbol{H}(n)\right]\boldsymbol{R}_{\bar{s}}(n|n-1) \tag{4.29}$$

与线性卡尔曼滤波算法不同的是式(4.25)至式(4.29)要在线计算,因为 $A(n-1)$,$H(n)$ 与状态估计有关。

4.2.4.4　粒子滤波算法

粒子滤波(Particle Filter,PF)是一种基于贝叶斯理论和重要采样技术的序贯蒙特卡罗方法。粒子滤波将所关心的状态向量表示为一组带有相关权值的随机样本(粒子),利用新的观测数据迭代地更新粒子状态和相应的权值,近似地解决了离散时间贝叶斯估计问题。

根据状态方程和量测方程,跟踪滤波的目标是估计目标状态向量 s_n 的后验概率密度 $p(s_n|x_n)$。在贝叶斯估计框架中,状态向量的后验概率密度可用下面的两步骤计算[66]:

(1) 预测阶段,利用状态方程进行状态预测

$$p(s_{n-1}|x_{n-1}) \rightarrow p(s_n|x_{n-1}) \tag{4.30}$$

更具体地说,利用贝叶斯公式,时刻 n 的先验概率密度 $p(s_n|x_{n-1})$ 为

$$p(s_n|x_{n-1}) = \int p(s_n|s_{n-1})p(s_{n-1}|x_{n-1})\mathrm{d}s_{n-1} \tag{4.31}$$

其中,s_n 为时刻 n 的状态向量,x_n 为时刻 n 的测量值,迭代以 $p(s_0)$ 进行初始化,$p(s_{n-1}|x_{n-1})$ 为时刻 $n-1$ 的后验概率密度。

(2) 滤波阶段,利用了时刻 n 的测量值 x_n 进行滤波

$$p(s_n|x_{n-1}) \rightarrow p(s_n|x_n) \tag{4.32}$$

利用贝叶斯公式,并结合预测密度,递推计算状态 s_n 的后验概率密度

$$p(s_n|x_n) = \frac{1}{c}p(x_n|s_n)p(s_n|x_{n-1}) \tag{4.33}$$

其中,常数 $c = \int p(x_n|s_n)p(s_n|x_{n-1})\mathrm{d}s_n$,似然函数 $p(x_n|s_n)$ 由当前数据和量测方程所定义。

通过状态空间的 L 个采样 $\{s_n^i\}_{i=1}^L$ 及相对应的权值 w_n^i,粒子滤波能近似描述后验概率密度 $p(s_n|x_n)$,即

$$p(s_n|x_n) \approx \sum_{i=1}^L w_n^i \delta(s_n - s_n^i) \tag{4.34}$$

状态的最小均方误差估计(MMSE)为

$$\hat{s}_n = E(s_n|x_n) = \int_{\mathbf{R}^n} s_n p(s_n|x_n)\mathrm{d}s_n \approx \sum_{i=1}^L \omega_n^i s_n^i \tag{4.35}$$

其中,$\mathbf{R}^n$ 表示 n 维状态向量空间,$E(\cdot)$ 是期望。$\omega_n^i(i=1,\cdots,L)$ 为权值,可利用重要采样法进行计算,即如果 s_n^i 可以由重要密度函数 $q(s_n|x_n)$ 产生,则第 i 个粒子的归一化权值表示为

$$\omega_n^i \propto \frac{p(s_n^i|x_n)}{q(s_n^i|x_n)} \tag{4.36}$$

利用贝叶斯定理[67],对概率密度函数进行分解,得到权值更新公式为

$$\omega_n^i \propto \omega_{n-1}^i \frac{p(x_n|s_n^i)p(s_n^i|s_{n-1}^i)}{q(s_n^i|s_{n-1}^i,x_n)} \tag{4.37}$$

如果建议密度仅由系统状态方程直接确定，即 $q(s_n^i|s_{n-1}^i,x_n)=p(s_n^i|s_{n-1}^i)$，则

$$\omega_n^i \propto \omega_{n-1}^i p(x_n|s_n^i) \tag{4.38}$$

其中，$p(x_n|s_n^i)$ 为量测似然函数。这种简化的滤波算法称为序贯重要采样（SIS）算法。

SIS 滤波算法存在的问题是可能存在退化现象，即经过若干次迭代后，除一个粒子外，其余粒子的权值可忽略不计，从而使得大量计算负担浪费在对求解后验密度 $p(s_n|x_n)$ 几乎不起任何作用的粒子更新上。目前，消除退化主要依赖于两个关键技术：适当选取重要密度函数和进行重采样。

除了在跟踪、检测前跟踪等传统贝叶斯滤波领域的应用，粒子滤波已扩展到检测、识别、分类和跟踪的联合处理[68]。在联合处理时，若利用粒子滤波器进行检测前跟踪算法实现，粒子权值由目标的有无模式、幅度量测、位置量测、特征向量决定，利用联合似然函数更新粒子的权值，同时估计得到真实航迹、目标有无、识别特征等状态向量。

4.3　群目标跟踪的基本概念

突防弹头周边同时存在弹头、诱饵、箔条等，是典型的群目标，不仅影响跟踪质量，也影响雷达系统的时间资源。传统的多目标跟踪算法对群目标回波的复杂性估计不足，对群目标的跟踪效果较差。群目标跟踪主要用来处理密集回波环境中的目标跟踪问题，目的是以有限的雷达资源持续获取空域中所有目标的信息，估计群目标的参数，避免错误关联，维持对群目标的持续跟踪，并降低计算量。群目标跟踪方法仍有较多问题需要解决，未见工程应用报道，这里仅简单介绍基本概念。

4.3.1　群目标跟踪面临的挑战

群目标是指空间位置相对靠近、具有基本相同运动状态的多目标集合[9]。它具体包含两层含义：一是群目标成员彼此距离很近；二是目标速度、运动方向均基本一致。弹道导弹群目标示意图如图 4-12 所示。群目标的信息通常以中心、速度、范围、方差及群内航迹个数等参数描述。

弹道导弹群目标的特点：空间分布密集，在雷达的一次照射中，会检测到多个目标，且距离靠近；高速伴飞，弹头和诱饵等目标运动速度、方向基本一致，对回波的多普勒影响基本一致；动态演化，诱饵、箔条等释放后在空间上逐渐分散开，形成群目标的分离和合并。

群目标跟踪主要面临以下挑战[9]：

（1）由于大量的目标相互靠近，几乎处于一个相关波门内，目标间相互干扰，使得关

图 4-12 弹道导弹群目标示意图

联处理非常困难,无法进行单个目标的跟踪。

(2) 在检测时参考单元存在多目标干扰,容易造成部分目标难以过门限,或者由于分辨率较低,多个相互靠近的目标回波将落入单个分辨单元中,这些情况将导致目标点迹断续,且回波数量变化,获取的测量值与已跟踪航迹之间存在关联上的不确定性,往往导致合批、混批、丢批。

(3) 通常目标数量太多,超过了雷达目标跟踪容量,不得不放弃对一些目标的跟踪。此时,需要进行有效的跟踪资源管理。

4.3.2 群目标跟踪方式和群的管理

弹道导弹群目标跟踪面临着点迹航迹关联、遮蔽效应、目标分辨、资源不足等问题,可采用基于点迹或基于航迹的分群处理方法将全空域的跟踪目标划分为多个群,然后利用群目标跟踪方式进行跟踪处理,并采用多假设关联算法来解决关联问题。

对于群目标跟踪,目前主要有以下几种跟踪方式[9]:

(1) 群跟踪,无单个航迹。计算群信息,无航迹信息。

(2) 群跟踪,加单一航迹。计算群信息,并在群内维持简化的单一航迹,不需要对群中的独立目标进行跟踪。

(3) 单独航迹跟踪,加群信息。维持各个目标单独的跟踪航迹,群信息用来补充。

(4) 单独航迹跟踪。维持各个目标单独的跟踪航迹,无群信息,即普通的跟踪模式。

对于导弹突防时的群目标跟踪,可以在不同时机采用不同的群目标跟踪方式。比如,在刚开始突防时,弹头、诱饵、碎片等非常靠近,雷达无法区分,可采用第一种和第二种方式;在它们逐渐扩散过程中,可采用第三种方式;当它们完全散开,不存在遮挡,雷达都能区分时,就要采用第四种跟踪方式。

前两种跟踪方式重点关注群的处理,而忽略了对单个目标的区分。在导弹防御系统有限的预警时间内,需要完成弹道导弹弹道预报、发落点计算、目标分类、目标识别、威胁度排序及目标拦截等一系列复杂的工作流程,必须尽可能保证对目标的高精度稳定跟踪。而群质心跟踪的精度是无法保证的,会影响弹道预报精度,并且由于各个目标无法区分,也难以进行目标分类识别工作。

与多目标跟踪的航迹管理问题类似,群的管理问题包括群的起始、分离、合并与终结[9]。

(1)群的起始。当有新航迹起始时,如果它不属于已有的群,将起始新群,然后点迹与群相关,将回波点迹按群的范围进行分群处理。群的起始是群目标跟踪区别于一般密集多目标跟踪的重要标志,其基本思想是:以适当的关联门限作为关联空间距离,将具有相似运动向量且小于关联空间距离的所有点迹并为群,同时起始群的航迹。群起始主要由群的分割及群速度的估计两方面组成[10]。

(2)群的合并与分离。在每个时刻,当跟踪滤波完成后,所有航迹进行一步预测,然后重新生成群。

(3)群的终结。当群内的航迹都终结时,该群自然终结。

4.4 弹道预报技术

弹道预报是指确定弹道目标的运动轨道,预报它们在未来某一时刻的空间位置,并预报落点。利用短弧段观测数据对弹道导弹进行实时、准确的运动轨道预报和落点位置预报是反导预警雷达承担的一个重要任务。

● 4.4.1 弹道预报的概念和基本流程

弹道导弹在助推火箭分离后,主要在地球引力场和大气阻力摄动的共同作用下,到达攻击地点。地球引力和大气阻力可以比较准确地建模,因而,通过雷达测量值估算出惯性飞行导弹的位置和运动速度之后,可准确预报导弹的运动轨迹,以及弹道与地面的交点。

弹道导弹在中段的轨道,可以用二体问题的椭圆轨道来近似[61],椭圆轨道是导弹轨道计算的基础。弹道预报示意图如图4-13所示。

弹道预报的流程如图4-14所示,接收数据处理模块的航迹数据,进行高精度弹道滤波,估算目标轨道根数,对目标的导弹/卫星属性进行快速分类确认。对于导弹目标,需

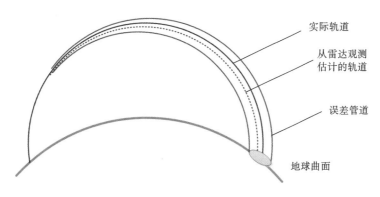

图 4-13 弹道预报示意图

进行精确轨道计算,计算出某一时刻的瞬时位置和速度,预测发落点、预警时间和射程,生成预警信息并上报。若已知目标为弹道导弹目标,则可省略轨道根数估算和星弹分类这两个步骤。

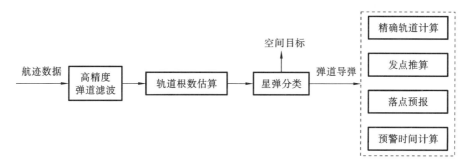

图 4-14 弹道预报的流程

弹道预报的作用是:在导弹防御系统中,雷达需根据实时探测的导弹跟踪数据对弹道进行估算,外推并预报导弹落点或预报导弹的拦截区域,以有效地开展反击防御并组织导弹拦截作战。弹道预报精度对于作战决策、作战过程控制、拦截弹引导均具有至关重要的作用。发点估计可以与不同情报信息进行验证,为战略反击提供目标情报。

● 4.4.2 弹道滤波

跟踪滤波器虽然可以提供目标的位置和速度,但主要是为了保持目标稳定跟踪,一般为了适应可能的目标机动,速度滤波精度不会太高,会影响弹道预报性能。因此需要专门的弹道滤波器进行精密的导弹位置和速度估计,才可提供高质量的弹道预报情报,如最小二乘方法。

弹道滤波的基本问题就是:已知一个并不精确的弹道导弹运动状态微分方程,使用带有误差的观测数据及不够精确的初始状态,求解在某种意义下目标运动状态的最佳估计。

在雷达信号处理、目标检测和数据处理中,许多问题都涉及最佳滤波问题。最佳滤波以估计理论为基础,在某个特定的性能测度最小或最大化意义上,求取滤波器系数。常用的滤波方法包括维纳滤波、最小二乘滤波、卡尔曼滤波、匹配滤波及特征滤波等。维纳滤波限定期望信号的估计量为观测数据的线性函数,以均方误差(MSE)最小为准则求取滤波器系数,维纳滤波理论是最小二乘滤波、自适应滤波和卡尔曼滤波的理论基础。最小二乘滤波以误差平方和最小为准则求取滤波器系数,可以看成是维纳滤波的具体实现方法。卡尔曼滤波在维纳滤波的基础上,引入期望信号的状态方程,形成对期望信号的递归估计。匹配滤波和特征滤波并不要求重现期望信号,而是以滤波器在某时刻输出信噪比达到最大为准则求取滤波器系数,前者适用于确知的期望信号,后者适用于随机期望信号[29][30]。

最小二乘方法最初由 Gauss 于 1821 年提出,应用于参数估计、滤波、曲线拟合等许多方面,其关键是根据实际问题构造出合理的误差平方和方程。下面分析时间序列条件下最小二乘滤波在弹道预报中的应用。

设观测信号为

$$x(n) = s(n) + v(n), \quad 0 \leqslant n \leqslant N-1$$

式中,$s(n)$ 为期望信号,$v(n)$ 为噪声,假定滤波器长度为 M,冲击响应为 $\{h(n), 0 \leqslant n \leqslant M-1\}$,$x(n)$ 通过滤波器,输出 $s(n)$ 的估计值 $\hat{s}(n)$。最小二乘滤波模型如图 4-15 所示。

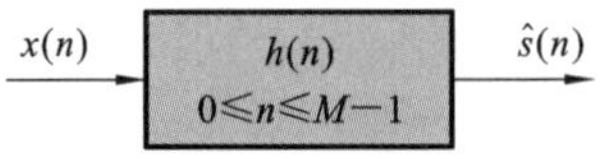

图 4-15　最小二乘滤波模型

估计值为

$$\hat{s}(n) = \sum_{k=0}^{M-1} h(k) x(n-k) \tag{4.39}$$

由于滤波器长度为 M,所以仅与输入数据 $x(n-M+1), \cdots, x(n-1), x(n)$ 有关。

估计误差为

$$e(n) = s(n) - \hat{s}(n) = s(n) - \sum_{k=0}^{M-1} h(k) x(n-k) \tag{4.40}$$

设误差序列选择范围为 $M-1 \leqslant n \leqslant N-1$,写出误差方程并用矩阵方程表示为

$$\underbrace{\begin{bmatrix} e(M-1) \\ \vdots \\ e(N-1) \end{bmatrix}}_{\boldsymbol{e}} = \underbrace{\begin{bmatrix} s(M-1) \\ \vdots \\ s(N-1) \end{bmatrix}}_{\boldsymbol{s}} - \underbrace{\begin{bmatrix} x(M-1) & x(M-2) & \cdots & x(0) \\ \vdots & \vdots & & \vdots \\ x(N-1) & x(N-2) & \cdots & x(N-M) \end{bmatrix}}_{\boldsymbol{X}} \underbrace{\begin{bmatrix} h(0) \\ h(1) \\ \vdots \\ h(M-1) \end{bmatrix}}_{\boldsymbol{h}}$$

$$\tag{4.41}$$

即

$$e = s - Xh \tag{4.42}$$

误差平方和为

$$E_{rr} = \sum_{n=M-1}^{N-1} \mid e(n) \mid^2 = e^H e \tag{4.43}$$

当误差向量 e 与观测数量 X 正交时，即 $X^H e = 0$ 时，E_{rr} 达到最小[29]，则

$$X^H e = X^H (s - Xh) = 0 \tag{4.44}$$

所以，正规方程为

$$X^H Xh = X^H s \tag{4.45}$$

那么

$$h = (X^H X)^{-1} X^H s \tag{4.46}$$

最小误差平方和为

$$E_{min} = s^H s - s^H Xh \tag{4.47}$$

求出滤波器冲激响应后，当在给定新的观测序列时，可对其进行滤波处理，并计算出滤波误差，判断滤波是否发散。在实际中，期望信号较难得到，根据具体问题有多种实现方法。

4.4.3　弹道导弹轨道根数估算

利用雷达跟踪滤波数据进行数据平滑处理，可以对空间目标如人造卫星、弹道导弹等进行目标定轨，根据轨道特征大致推断空间目标的类型和执行的任务。

轨道根数的作用是：已知轨道根数，可以完全确定任意时刻目标在弹道上的位置和速度[61]。根据轨道根数可快速判断目标是轨道目标还是非轨道目标，判别轨道目标是卫星还是弹道导弹。

利用雷达观测数据，可以估计目标的轨道根数，其计算过程步骤如下：

（1）对雷达观测数据，利用跟踪滤波器或弹道滤波器，估计目标状态；

（2）进行坐标变换，得到目标在地心惯性坐标系下的相应目标状态，如位置 X、Y、Z 和相应的速率 $\dot{X}$、$\dot{Y}$、$\dot{Z}$。

（3）利用二体问题的椭圆轨道确定目标的轨道根数。

在地心惯性坐标系中，导弹在空间的运动的轨迹是一个位于过地球质心平面上的椭圆轨道，可用微分方程组来描述。二体运动的微分方程是三元二阶联立微分方程，即

$$\begin{cases} \ddot{X} + \mu \dfrac{X}{r^3} = 0 \\ \ddot{Y} + \mu \dfrac{Y}{r^3} = 0 \\ \ddot{Z} + \mu \dfrac{Z}{r^3} = 0 \end{cases} \tag{4.48}$$

其中，X、Y、Z 为导弹在地心惯性坐标系下的坐标，r 为导弹至地心的距离，$r=\sqrt{X^2+Y^2+Z^2}$，μ 为地球引力常数，$\mu=3.986012\times10^{14}$ m^3/s^2。

通过对运动微分方程的求解，并进行坐标变换，可得 6 个轨道根数[9][34]。轨道根数确定了弹道导弹椭圆轨道平面在空间的位置、轨道的大小和形状，同时给出计量运动时间的起算点，因而，具体描述了导弹运动的基本规律。

轨道根数及其作用如表 4-1 所示。

表 4-1　轨道根数及其作用

序　号	根数名称	代表符号	作　用
1	轨道倾角	i	确定弹道导弹轨道平面在空间的位置
2	升交点赤经	Ω	
3	半长轴	a	确定轨道的大小
4	偏心率	e	确定轨道的形状
5	近地点幅角	ω	确定近地点位置
6	过近地点时刻	τ	确定弹道导弹经过近地点的时刻

由于目标位于近地点时矢径最短，所以椭圆近地点与地心的距离称为最小矢径。弹道导弹最小矢径示意图如图 4-16 所示。弹道导弹要返回地面，其最小矢径小于地球半径，而卫星的最小矢径大于地球半径。最小矢径为

$$\rho_{\min}=a(1-e) \tag{4.49}$$

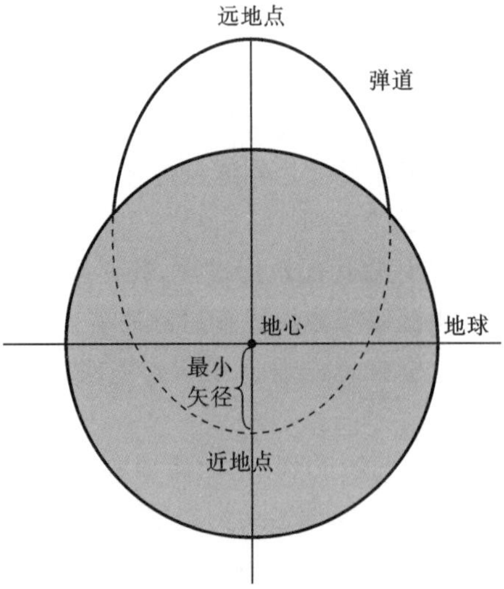

图 4-16　最小矢径示意图

实际情况较为复杂，由于各种摄动力的存在，使得弹道导弹的飞行轨迹并不是一个简单的椭圆轨道。在摄动力影响下，弹道导弹在某一瞬间按一条瞬时椭圆轨道运动，真实的运动轨迹则是这些瞬时椭圆轨道的包络线。所以，为了保证对轨道目标的运动预报

有一定精度,对目标轨道根数需进行修正。

4.4.4　解析法落点预报

弹道中段是椭圆轨道的一部分,椭圆与地表曲面相交,交汇点即是理论落点。所谓理论落点,意即不考虑再入大气层的气动力作用、地球自转等影响时,弹道曲线与地表曲面的交点。受地球形状及近地大气摄动等复杂因素影响,精确预报落点位置难度较大。落点预报主要有解析法和数值积分法[9]。

在惯性坐标系中,弹道导弹由关机点沿椭圆轨道飞行至落点,落点预报示意图如图4-17 所示。

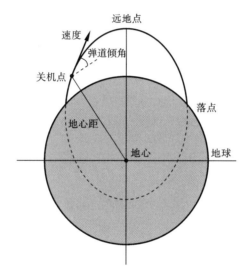

图 4-17　落点预报示意图

为了进行落点预报,首先需要进行弹道滤波和弹道导弹根数估算,当 6 个轨道根数被准确估计出来以后,就可以确定任意时刻目标状态,然后结合地球表面方程,建立联合方程组,可较准确计算出导弹的发点和落点位置[9],根据轨道根数也能求出导弹预警时间,估算导弹射程。

弹道平面是一个过地心的平面,以地心为极点、椭圆长轴为极轴,在地心惯性坐标系下的弹道导弹椭圆轨道可表示为[9]

$$\rho = \frac{a(1-e^2)}{1+e\cos(\theta)} \tag{4.50}$$

且发射点和落点坐标还满足地球曲面方程,即地球的椭球体方程,令地球为圆球体,则

$$\rho = R \tag{4.51}$$

式中,ρ 为地心至目标的地心距大小,θ 为目标与极轴之间的夹角,a 为椭圆半长轴,e 为偏

心率，R 为地球半径。

联立以上两个方程求解，如果方程组有解，表明椭圆轨道与地球有交点，椭圆轨道为弹道导弹的轨道，可以求得两组 ρ 和 θ，分别对应发射点和落点；如果方程组无解，则表明椭圆轨道为卫星轨道。

导弹射程 l 可以根据球面三角形公式计算，即

$$\cos l = \sin\phi_1 \sin\phi_L + \cos\phi_1 \cos\phi_L \cos(J_L - J_1) \tag{4.52}$$

式中，J_L 和 J_1 分别表示发点和落点的经度，ϕ_L 和 ϕ_1 分别表示发点和落点的纬度。

对地球椭球摄动、大气摄动的修正可以提高预报精度，但解析法难以精确描述摄动模型，适用于落点预报精度要求不高的场合。

4.4.5　数值法落点预报及弹道预报

数值积分法可较精确地描述多阶摄动量，在二体问题的基础上建立摄动运动方程，用数值法计算弹道参数，并计算落点位置，适用于高精度弹道预报。**数值积分法计算量大**，在积分步长、计算效率与预报精度之间需要折中考虑[9]。

假设关机点参数为

$$\boldsymbol{x}_0 = [x_0, y_0, z_0, \dot{x}_0, \dot{y}_0, \dot{z}_0]^T \tag{4.53}$$

导弹运动状态微分方程为

$$\dot{x}(t) = f(t, x(t)), \quad \boldsymbol{x}(t_0) = \boldsymbol{x}_0 \tag{4.54}$$

式(4.54)是根据弹道导弹的动力学方程建立的时刻、位置、速度与加速度的函数关系，动力学模型不同，该表达式精度不同，相关知识可参考文献[69]。

根据运动状态微分方程，调整积分时长，可根据需要预测出目标在未来任何时刻所处的位置，或者预测目标出现在预定空域的时刻。已知目标在时刻 $k-1$ 的状态 $\boldsymbol{x}_{k-1}$，那么，目标在时刻 k 的状态 $\boldsymbol{x}_k$ 可表述为如下积分式：

$$\boldsymbol{x}_k = \boldsymbol{x}_{k-1} + \int_{t_{k-1}}^{t_k} \dot{\boldsymbol{x}}_{k-1} \mathrm{d}t \tag{4.55}$$

对滤波处理后的数据做缓存处理之后，被积函数 $\dot{\boldsymbol{x}}_{k-1}$ 对应的时刻 $k-1$ 之前的几个步长的状态 $\dot{\boldsymbol{x}}_{k-2}, \dot{\boldsymbol{x}}_{k-3}, \cdots, \dot{\boldsymbol{x}}_{k-l}$ 是已知的，则可用牛顿后差公式表示被积函数，进而可得到导弹运动状态微分方程的 Adams 积分解[9]，也可采用工程中广泛应用的龙格-库塔积分方法计算式(4.55)，四阶龙格-库塔积分计算精度高，每步递推需要对 $\boldsymbol{f}(t, \boldsymbol{x}(t))$ 进行四次计算，计算量稍大。

进行滤波和落点预报时，跟踪滤波器实时滤波，得到目标状态的最优估计，在此时刻，目标弹道预报模块随时间按一定步长（或可变步长）预报，递推停止条件是转换到惯性坐标系下的目标递推状态对应的坐标满足该坐标系下的地球表面方程，该位置对应导弹落点位置，或者递推步数超过预先设定的范围，表示目标为轨迹与地球不相交的空间目标。

实际应用中,反导预警雷达利用短弧段观测数据,采用线性中点平滑技术,可获得高精度的目标轨道根数,结合落点位置修正方法,能有效消除各项摄动因素影响,准确预报落点位置。

4.5 小 结

反导预警雷达具有多目标跟踪能力,根据弹道导弹的动力学模型建立状态方程,准确表述导弹的运动过程,并在合适的坐标系下进行非线性滤波。对弹道导弹目标的跟踪需要考虑目标动力学模型、过程噪声参数设计、跟踪坐标系、非线性滤波技术等多种因素。复杂电磁环境下的多目标跟踪问题是当前急需解决的关键问题,复杂电磁环境可能存在强杂波、大量欺骗式干扰、复合干扰等情况,需要综合利用多时刻观测数据、多维度特征来解决跟踪滤波和数据关联问题,以提高目标跟踪精度。

弹道预报是涉及雷达数据处理多个环节的系统性技术,涵盖了弹道滤波、轨道根数估算及落点修正等多项技术,其性能主要取决于雷达的测量精度、弹道滤波精度、弹道导弹运动及外推模型精度等因素。

思 考 题

4-1 反导预警雷达数据处理有什么特点?

4-2 描述反导预警雷达数据处理系统的指标有哪些?

4-3 一个完整的跟踪系统包括哪些部分?

4-4 什么是跟踪滤波器的发散现象?滤波发散的主要原因有哪些?

4-5 弹道导弹目标群的特点是什么?

4-6 反导预警雷达中,轨道处理模块的功能是什么?

4-7 状态方程中模型噪声的作用是什么?在目标匀速直线运动和机动运动情况下,分别仿真分析模型噪声方差大小对跟踪精度的影响。

4-8 利用 Matlab 软件的数值积分工具箱函数,如 Ode45,编程实现式(4.55)。查找资料,回答问题,采用龙格-库塔(Runge-Kutta)积分方法进行弹道预报时,如何将二体运动的微分方程组(三元二阶微分方程组)写为一阶微分方程组?

第5章

资源调度与管理

弹道导弹突防场景下,如何分配和使用雷达资源,对发挥雷达潜力有着重要的影响,将直接影响雷达作战效能。资源调度与管理技术是反导预警雷达实现多目标、多任务的核心,通过搜索、跟踪和识别资源管理和任务调度,实现对波形、波束、数据率等参数的控制,能够充分利用雷达资源,提高雷达在单位时间内的任务执行能力。本章主要介绍资源调度与管理的概念、搜索资源管理方法、跟踪资源管理方法和任务调度方法,针对目标识别的资源管理是当前研究的前沿和难点问题,本章简要介绍识别资源管理遇到的问题。

5.1 资源调度与管理的概念

● 5.1.1 雷达资源的概念

基本的雷达资源包括时间资源、能量资源、数据处理能力和天线阵面资源。

对于时间资源,任何一个雷达事件,从波束定位、信号发射到回波接收,都要求雷达消耗一定的时间。如搜索特定的空域需要消耗若干秒搜索时间,目标跟踪需要一定的跟踪波束驻留时间。

对于能量资源,不同的任务及其工作方式要求使用不同的发射波形,即对应于不同的占空比,具有不同的平均功率。如进行目标检测时,要满足给定检测概率和虚警概率条件下的回波信噪比要求,由 2.4.2 节可知,根据雷达方程可得到目标检测所需的发射机峰值功率 P_t 和脉冲宽度 τ,而信号能量为 $E_t = P_t \tau$。

对于数据处理能力,涉及多目标处理能力、计算机处理与存储等。

对于阵面资源,天线阵面的功率孔径积决定了雷达作用的距离,将天线阵面分为主天线和辅助天线,利用相控阵天线的多通道处理特性,可进行 DBF 和干扰抑制等处理。

时间和能量资源的表现形式有发射波形、数据率、驻留时间等,发射波形是雷达资源的一种最重要体现,为了方便,甚至可以把脉冲重复周期称为一个"资源"。雷达根据不同任务及其工作方式、目标距离等在波形库中选择合适的发射波形。

下面举例分析典型波形参数与雷达性能的关系,如脉冲重复周期、脉冲宽度、带宽、驻留时间等波形参数。

脉冲重复周期与无模糊探测距离有关,无模糊探测距离表示为

$$R_0 = \frac{c(T_r - \tau)}{2} \tag{5.1}$$

式中,c 为电磁波传播速率,T_r 为脉冲重复周期,τ 是脉冲宽度。探测远距离目标使用长的脉冲重复周期,探测近距离目标选择短的脉冲重复周期的波形,可以减少时间资源的消耗。

雷达发射机峰值功率 P_t 和脉冲重复周期 T_r 一定时,平均发射功率 $\bar{P}$ 与脉冲宽度 τ 成正比,即

$$\bar{P} = \frac{\tau}{T_r} P_t \tag{5.2}$$

式中,τ/T_r 称为占空比。

距离分辨率取决于信号瞬时带宽 B,即

$$\Delta R = \frac{c}{2B} \tag{5.3}$$

5.1.2 资源调度与管理的功能

在计算机控制下,相控阵天线通过改变天线单元的相位,能以微秒量级的时间形成和定位雷达波束,能在 1 s 内形成几十至上百个跟踪和搜索波束,这使雷达能够按照时间分割原理来探测多个目标,实现多种功能,如搜索、确认、跟踪和识别等。天线波束快速扫描的能力决定了相控阵雷达具有先进的资源调度方式,在各种任务之间合理分配雷达资源,是相控阵雷达的一个关键问题[16]。雷达资源的不合理应用等于抵消了优化雷达硬件设计所花费的劳动和代价。

资源调度与管理是相控阵雷达的必备功能,通常指的是雷达资源的实时调度和处理。资源调度与管理是根据空情态势(目标类型、威胁等级、目标位置、雷达截面积、电磁干扰情况、杂波情况)及外部控制指令自适应控制雷达系统的工作频率、波束指向、发射波形、驻留时间及信号处理方式等,以达到时间、能量、阵面孔径等资源的最优利用。该

层面的处理要求的实时性、可靠性高,直接调度雷达资源和工作方式,是雷达系统控制和数据处理的重要组成部分[25]。

反导预警雷达资源调度与管理实现对多类目标(弹道导弹目标、临近空间目标、空中目标和空间目标等)的搜索、确认、跟踪、失跟处理及目标识别下的雷达波形、波束指向等自适应调度,同时兼顾任务计划的调度。资源调度与管理可分为以下几个方面的功能:

(1)控制指令的响应。实时地接收并处理来自综合显示软件的操作命令(如搜索屏设置、目标参数控制、雷达工作参数设置、分系统控制参数等)、预警中心的目标引导信息及人工目标识别反馈信息,进行波束调度与能量控制,并通过雷达控制器分发至各受控分系统。

(2)搜索、跟踪、识别等工作方式下的资源管理。

(3)任务调度。

应用中,针对典型场景,通过设计相应的工作模式,能够将搜索、跟踪、识别工作方式及其雷达控制参数、任务调度策略封装起来。工作模式设计框图如图 5-1 所示。

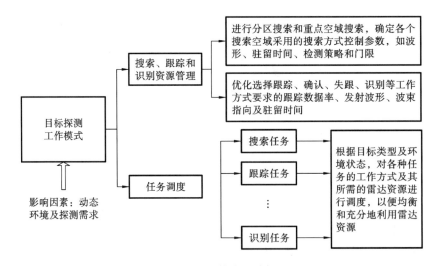

图 5-1　工作模式设计框图

图 5-1 中,在搜索资源管理中,进行分区搜索和重点空域搜索,进行搜索参数优化设计,采用针对性的信号形式和检测门限;在跟踪和识别资源管理中,优化选择跟踪、确认、失跟、识别等工作方式所需的雷达资源,如跟踪数据率、波形、波束指向及驻留时间;在任务调度中,根据各类任务所提出的波束驻留请求,依据调度策略对搜索、确认、跟踪和识别等任务的工作方式及其所需的雷达资源进行调度,以便均衡和充分地利用雷达资源。

在作战环境变化时,需要灵活地选择工作模式,并可修改资源管理参数。雷达典型的工作模式通常有弹道导弹目标探测工作模式、弹道导弹目标引导截获工作模式、空间目标探测工作模式、飞机目标探测工作模式、隐身目标探测工作模式,以及相应的组合目标探测工作模式等。

● 5.1.3　研究进展

20 世纪 70 年代,"宙斯盾"相控阵雷达系统 AN/SPY-1 工程的负责人 Baugh 首次将现代雷达系统分解为雷达设备和雷达控制器两大组成部分,并详细阐述了资源调度的设计方法[70]。文献[16]、[25]和[34]介绍了窄带相控阵雷达搜索与跟踪工作方式下的资源管理技术。张光义院士系统地分析了相控阵雷达的多工作方式,由于相控阵雷达具有多种工作方式,工作方式的控制参数可变,因而其战术指标与机械扫描雷达相比,不是固定的,而是可以随工作方式不同而变化[16]。合理安排相控阵雷达的工作方式,对雷达系统设计和使用具有重要意义,对合理确定和调整相控阵雷达的各项技术指标,最终得到接近最佳的雷达系统方案和正确编制相控阵雷达的控制软件都是很必要的。由于反导预警雷达要观测的目标,如卫星、弹道导弹等,距离远、速度快、RCS 变化范围大,且要求很高的分辨率、测量精度,因此在安排雷达工作方式上具有一些显著的不同特点。

美国雷声公司正在为美国海军研发下一代防空反导雷达(AMDR),2017 年完成了首次弹道导弹防御测试[1]。AMDR 通过一个雷达控制器对 X 波段、S 波段雷达进行系统资源及工作方式调度,可以在高杂波环境中提供早期探测、跟踪和弹道导弹拦截作战指示等强大态势感知能力。

由于目标识别的需求日益迫切,各国正不断研发专用于对大量目标进行识别用途的雷达系统[71]。宽带有源相控阵雷达主要功能是对多批目标进行精确跟踪和目标识别,其技术特点决定了跟踪和特征提取工作方式更加多样。为了将有限的雷达资源依次用于检测、跟踪、特征提取与成像任务,文献[38]介绍了基于目标认知成像的相控阵雷达资源优化调度方法、基于检测前跟踪(TBD)技术的空间微动目标认知成像与资源优化调度方法,其中,基于 TBD 技术的微动目标认知成像与资源优化调度方法将 TBD 技术与微动特征提取与成像过程相结合,同时实现对目标的检测、跟踪、微动特征提取与成像。进一步地,根据微动特征提取方法的信号处理过程,进行雷达资源优化调度,实现雷达资源的合理分配。随着突防技术不断发展,在真假弹头识别、抗干扰中资源调度等将是永恒的难题,软件算法需要不断升级。

● 5.1.4　资源调度与管理面临的挑战

多目标环境下,目标远近、目标 RCS 大小、目标威胁度与重要性不同,必须用有限的资源确保高威胁等级目标的可靠探测。突防弹头周边同时存在诱饵、碎片、箔条等假目标,构成弹道导弹群目标,空间分布密集,目标数量通常大于雷达目标跟踪容量,需要进行有效的资源调度与管理,将有限的资源用于弹头目标探测。

复杂电磁环境将影响目标探测,并消耗系统有限资源,而且雷达采用的抗干扰措施也将消耗系统有限资源。复杂电磁环境对目标探测的影响分析如表 5-1 所示。

表 5-1   复杂电磁环境对目标探测的影响分析

复杂环境	影　响
箔条	形成箔条云团,屏蔽弹头目标,并与弹头目标高速伴飞,动态演化,增加目标探测难度
欺骗干扰	产生大量虚假点迹,使得任务调度计算机饱和而不得不放弃对一些目标的操作,使得雷达发现真实目标时间延后
压制干扰	降低接收信号的信噪比,以减小目标的检测概率,并使跟踪航迹不连续
弹头隐身	RCS 降低 1~2 个数量级,则可使雷达的有效探测距离相应降低 40%~70%
诱饵	形成多个假目标,消耗雷达有限的资源,使雷达无法正常识别真弹头或使雷达达到饱和状态

针对目标识别的资源调度与管理是当前的难点。各种特征提取方法所需的驻留时间不同,识别效果也不同,而且现有特征提取方法一般通过仿真、建模和试验来研究,这样得到的模型并不是充分有效的。由于敌方导弹为非合作目标,目标特性不能确切知道,且突防时常常"隐真示假",在实战背景下,识别输出结果不完全可信。选择正确的目标和正确的特征提取方法考验着操作人员,所以,平时需要通过各种途径了解目标特性、各种特征提取方法的资源需求和所提取特征的物理意义。

综上所述,雷达所面临的环境是时变的、动态的,甚至从一个调度间隔到另一个调度间隔往往也是不同的。所以,应该充分利用雷达能获得的信息,对电磁环境变化进行感知、判断和处理,以便决定是否要调整雷达资源。总的来说,复杂作战环境下探测需求的多样性如图 5-2 所示。

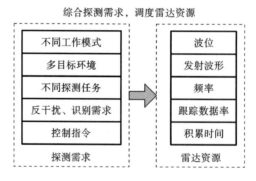

图 5-2   复杂作战环境下探测需求的多样性

5.2   搜索资源管理方法

搜索资源管理指的是在搜索工作方式下的资源管理,根据雷达系统参数、目标特性、所设定的搜索性能等因素,计算出搜索区域、搜索时间、波束数目、搜索波形等搜索控制参数,生成一系列搜索任务,主要包括搜索屏设置、波位编排、搜索波形调度等内容。

战术弹道导弹从发射到落地仅几分钟至十几分钟时间,操作失误可能就错过目标,为了截获弹道导弹目标,需要提前制定探测预案,进行各种计算,设置正确的搜索屏。搜索屏设置是雷达操纵人员必备的一项基本技能,是反导预警预案制作的关键环节,体现了反导预警作战筹划的重要性。

● 5.2.1 搜索工作方式的概念

根据反导预警雷达要执行的主要任务,充分利用天线波束指向可快速变化的能力、信号波形的多样性,可以灵活、合理地安排搜索方式。几种典型搜索方式如下。

(1)自主搜索方式。适用于在没有目标指示数据的情况下,监视雷达空域中可能出现的新目标,雷达需要在整个监视空域内进行自主搜索。

(2)引导搜索方式。按上级指挥所或友邻雷达提供的目标指示数据进行搜索。利用目标指示数据,如观测时间、坐标位置、目标航迹等,相控阵雷达就可在较小的搜索空域内对目标进行搜索,有利于提高发现概率和截获概率。

以远程预警雷达和多功能相控阵雷达进行目标交接为例,交接通常采用"预报交接"或"波束交接"。交接方式的选择需考虑两部雷达面临的作战场景和资源使用情况,交接方案的选择遵循一定的准则[9]。

当远程预警雷达承担任务重,时间资源紧张,而多功能相控阵雷达时间资源相对宽裕时,可采用预报交接;在远程预警雷达与多功能相控阵雷达覆盖范围不重叠时,只能采用预报交接。预报交接示意图如图 5-3 所示。若远程预警雷达预报误差大,则多功能雷

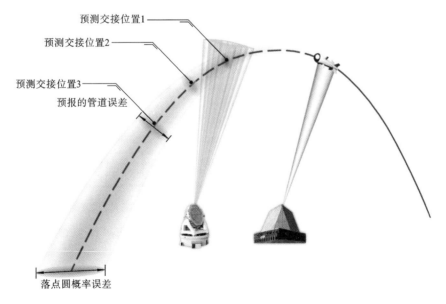

图 5-3 预报交接示意图

达需要设置较大的搜索截获屏。

当多功能相控阵雷达承担任务很重，时间资源紧张时，不管远程预警雷达时间资源是否紧张，从预警体系整体资源和效率考虑，为确保短时间内完成交接任务，必须采用波束交接。波束交接示意图如图 5-4 所示。波束交接具有精度高、交接时间短等特点。

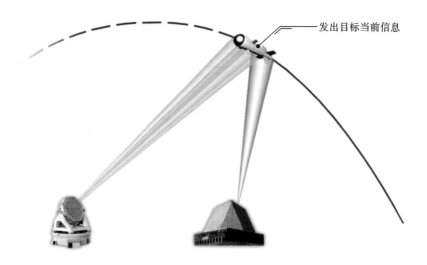

发出目标当前信息

图 5-4　波束交接示意图

引导搜索方式流程图如图 5-5 所示。流程图中涉及的弹道预报相关内容请回顾 4.4 节。坐标变换过程中，交接误差的解析计算是难点之一，一种近似计算方法是利用蒙特卡洛方法进行计算机仿真，也就是把位置和误差用一组数值表示，将该组数值分别进行坐标变换，从而得到跟踪坐标系下表示交接位置及误差的一组数值。

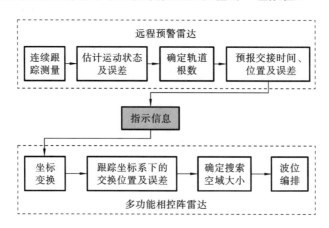

图 5-5　引导搜索方式流程图

（3）补充搜索方式。雷达在对目标进行跟踪的过程中，一旦发生跟踪丢失，需要在预测位置附近的一个小的搜索空域内进行搜索，以便重新发现该目标，继续维持对该目标的跟踪。

（4）分区搜索与重点区域搜索方式[16]。

将整个搜索空域分为多个子搜索区,每个子搜索区内可按信号波形、波束驻留时间来安排不同的搜索时间及搜索间隔时间。在若干子搜索区内可以选择个别搜索区为重点搜索空域,对该重点搜索区分配更多的信号能量,以保证更远的作用距离。

（5）多波束同时搜索方式。

对于采用固态有源相控阵体制的反导预警雷达,也采用发射顺序多波束、接收同时多波束的搜索方式。由于固态组件平均功率大,为了充分发挥固态有源体制的特点,当雷达工作在搜索状态时,为了提高搜索数据率,在一个重复周期里,需要向相邻的各个方向发射雷达信号,利用 DBF 形成接收多波束,同时对几个方向进行接收。

多波束同时搜索示意图如图 5-6 所示,一种典型的搜索波形示意图如图 5-6(a)所示,在发射时,在一个 16 ms 的脉冲重复周期内,顺序发射三个脉冲宽度为 2 ms 的脉冲信号。要实现多波束并行搜索,就要求在第一个脉冲结束后到第二个脉冲开始前的时间内相控阵天线波束从一个方向指向另一个方向。发射波束和接收波束如图 5-6(b)所示,在顺序发射 3 个脉冲信号的同时,分别顺序发射三个波束,从而增大了搜索空间,减少了搜索时间;接收波束安排可以有多种方式,这里在接收时同时形成 10 个接收波束,同时可比较上、下波束与左、右波束信号的幅度,在搜索时进行单脉冲测角。

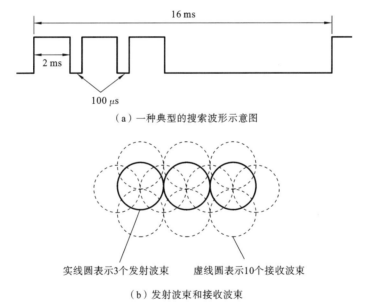

（a）一种典型的搜索波形示意图

实线圆表示3个发射波束　　虚线圆表示10个接收波束

（b）发射波束和接收波束

图 5-6　多波束同时搜索示意图

5.2.2　搜索方式的控制参数

雷达控制计算机执行搜索方式的管理,其依据是预先设置于搜索控制程序中的控制参数,主要包括与搜索屏设置相关的参数,如(1)～(5)项;与目标截获相关的参数,如(6)～(11)项。搜索方式控制参数具体如下[16]:

(1) 搜索空域,包括子搜索空域划分、搜索空域的角度边界、最大搜索距离、最小搜索距离;

(2) 搜索波束驻留时间,包括按子搜索空域分配的波束驻留时间;

(3) 搜索波束扫描时的波束跃度;

(4) 搜索数据率,包括全空域的总搜索时间、总搜索间隔时间;

(5) 搜索信号波形参数,包括搜索信号的重复周期、脉冲宽度、信号调制方式、带宽等;

(6) 搜索距离波门宽度;

(7) 搜索门限的设置;

(8) 搜索信号检测准则;

(9) 搜索与跟踪处理转换;

(10) 低仰角搜索时地形遮蔽影响的消除;

(11) 低仰角电波传播影响处理。

在编制搜索工作方式的控制程序时,对于每一种搜索工作方式或者子搜索空域,可以分别设置搜索方式的控制参数表,给出不同的具体数值。

5.2.3 搜索屏设置

由于弹道导弹目标速度为 2 千米/秒至几千米/秒,雷达为了在数千米之外搜索截获弹道导弹目标,通常建立若干个搜索屏。为了描述搜索屏,可以用搜索方式控制参数的第(1)～(5)项。

在有目标指示信息或有先验信息的条件下,可以根据目标指示的位置确定搜索屏,需要将弹道导弹轨迹的大地坐标转换为雷达极坐标下的位置,作为角度搜索范围的中心。

搜索时间、搜索间隔时间、搜索空域的计算和分配是进行搜索屏设置、安排及控制搜索过程的一个重要环节。

5.2.3.1 搜索时间和搜索间隔时间的计算

考虑相控阵雷达天线波束宽度在偏离法向方向上的展宽,搜索空域的立体角 Ω 通常由搜索空域的方位搜索范围 ϕ_r 及俯仰搜索空域的上界 θ_u 和下界 θ_l 来定义,角度的单位均为弧度,即

$$\Omega = \phi_r (\sin\theta_u - \sin\theta_l) \tag{5.4}$$

对于小的搜索空域,俯仰搜索范围 $\theta_r = \theta_u - \theta_l$,可以近似地将搜索空域的立体角 Ω 表示为方位搜索范围 ϕ_r 与俯仰搜索范围 θ_r 的乘积,即

$$\Omega = \phi_r (\sin\theta_u - \sin\theta_l) \approx \phi_r \cdot \theta_r \tag{5.5}$$

令波束宽度的立体角 $\Delta\Omega$ 近似地表示为方位与俯仰上的波束半功率点宽度 $\Delta\phi_{0.5}$ 与 $\Delta\theta_{0.5}$

的乘积,即

$$\Delta\Omega\approx\Delta\phi_{0.5}\cdot\Delta\theta_{0.5} \tag{5.6}$$

可得覆盖搜索空域立体角的天线波束位置的数量 n_B 为

$$n_B=\frac{\Omega}{\Delta\Omega} \tag{5.7}$$

令发射天线波束在每一个波束位置的驻留时间为 t_{dw},则搜索完整个空域所需的时间为

$$T_s=\frac{\Omega}{\Delta\Omega}t_{dw} \tag{5.8}$$

则将式(5.5)、式(5.6)代入式(5.8),可得搜索时间 T_s 为

$$T_s=\frac{\Omega}{\Delta\Omega}t_{dw}=\frac{\phi_r(\sin\theta_u-\sin\theta_l)}{\Delta\phi_{0.5}\cdot\Delta\theta_{0.5}}\cdot t_{dw}\approx\frac{\phi_r\theta_r}{\Delta\phi_{0.5}\cdot\Delta\theta_{0.5}}\cdot t_{dw}=\frac{\phi_r\theta_r}{\Delta\phi_{0.5}\cdot\Delta\theta_{0.5}}\cdot N_sT_r \tag{5.9}$$

式中,t_{dw} 为波束驻留时间,$t_{dw}=N_sT_r$,N_s 为搜索波束驻留脉冲数,T_r 为脉冲重复周期。约等于符号"$\approx$"在小的搜索空域上成立。

相邻两次搜索完给定区域的间隔时间称为搜索间隔时间 T_{si}。如果相控阵雷达在搜索过程中没有发现目标,雷达只需继续进行搜索,不必进行跟踪,这时 T_{si} 与 T_s 相等。如果相控阵雷达在搜索过程中发现目标,用于确认、跟踪这些目标需要花费一定时间 T_{tt},则搜索间隔时间为搜索时间 T_s 加上用于确认、跟踪目标所花费的时间 T_{tt}(也称为总跟踪时间),即

$$T_{si}=T_s+T_{tt} \tag{5.10}$$

由此式可以看出,如果跟踪目标数量增加,则 T_{tt} 增加,T_{si} 也会相应增加,搜索效率将会降低。

雷达允许的搜索间隔时间 T_{si} 主要取决于目标穿过雷达搜索屏的时间 Δt_p 和要求在搜索过程中对目标的累积发现概率。目标穿越雷达搜索屏示意图如图 5-7 所示。

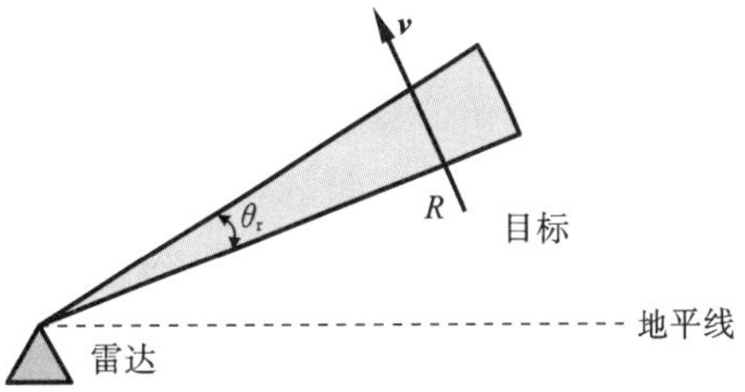

设搜索屏的仰角范围为 θ_r,根据目标飞行方向与速度 v 和预计的目标距离 R,当 θ_r 较小时,可近似计算穿屏时间 Δt_p,有

图 5-7　目标穿越雷达搜索屏示意图

$$\Delta t_p\approx\frac{R\theta_r}{v} \tag{5.11}$$

若要求在 Δt_p 内,雷达至少对目标进行 N_{si} 次搜索照射,完成每次照射的搜索间隔时间为 T_{si},则可得到 T_{si} 需满足的约束条件

$$N_{si}T_{si}\leqslant\Delta t_p \tag{5.12}$$

为了计算搜索发现目标所需的搜索照射次数 N_{si},令每次搜索时对目标的发现概率为 P_d,则 N_{si} 可由累积发现概率 P_c 与 P_d 的关系确定,即

$$P_c=1-(1-P_d)^{N_{si}} \tag{5.13}$$

由式(5.13)可得

$$N_{si}=\frac{\ln(1-P_c)}{\ln(1-P_d)} \tag{5.14}$$

式中,ln()为自然对数函数。

需要注意的是,对远程相控阵雷达,由于脉冲重复周期 T_r 较长,导致搜索时间 T_s 很大,T_{si} 也相应增加。当设置的搜索空域不合理地过大时,有可能不能保证 $N_{si}=2$ 或 3,甚至出现 $N_{si}<1$ 的情况,致使弹道导弹目标不能被搜索发现。

而且,若大部分时间资源用于跟踪,则搜索资源更加紧张,因此,在搜索到预定的目标并对其跟踪后,有时不得不缩小搜索空域,以减少搜索时间。总之,要设定合理的调度准则,在 T_s 和 T_{tt} 之间进行折中。

另外,由于 T_{si} 与距离 R 有关,在实际应用中,通常按距离进行分屏搜索,在几个不同距离上设置不同的搜索屏。

5.2.3.2 搜索空域的计算

在仰角搜索范围 θ_r 较小时,根据搜索时间 T_s、搜索间隔时间 T_{si}、穿屏时间 Δt_p 及约束条件式(5.12),可以知道搜索空域的立体角 Ω 必须在一个有限的范围内。搜索空域的推导步骤如下:

将式(5.9)、式(5.10)和式(5.11)代入式(5.12)中,并化简得

$$N_{si}(T_s+T_{tt})\leqslant\Delta t_p \tag{5.15}$$

$$N_{si}\left(\frac{\phi_r\theta_r}{\Delta\phi_{0.5}\cdot\Delta\theta_{0.5}}\cdot t_{dw}+T_{tt}\right)\leqslant\frac{R\theta_r}{v}$$

$$\frac{\phi_r\theta_r}{\Delta\phi_{0.5}\cdot\Delta\theta_{0.5}}\leqslant\frac{R\theta_r}{vN_{si}\cdot t_{dw}}-\frac{T_{tt}}{t_{dw}} \tag{5.16}$$

式中,ϕ_r、θ_r 分别为方位、俯仰搜索范围;$\Delta\phi_{0.5}$、$\Delta\theta_{0.5}$ 分别为方位、俯仰波束宽度;R 为目标距离;v 为目标速度;N_{si} 为搜索发现目标所需的搜索照射次数;T_{tt} 为用于确认、跟踪目标所花费的时间;t_{dw} 为波束驻留时间。

通常设定俯仰搜索范围 θ_r 为一个确定的值,一种方法是根据测高公式,即式(3.20),将目标俯仰角表示为目标斜距和目标高度的函数,这样用来确定特定目标斜距和高度范围条件下的搜索俯仰范围;另一种方法是直接设定搜索俯仰范围,如令 $\theta_r=\Delta\theta_{0.5}$ 或 $\theta_r=2\Delta\theta_{0.5}$。由式(5.16)可知,方位搜索范围 ϕ_r 小于某一个值,即

$$\phi_r\leqslant\frac{R\cdot\Delta\theta_{0.5}\cdot\Delta\phi_{0.5}}{vN_{si}\cdot t_{dw}}-\frac{T_{tt}\cdot\Delta\theta_{0.5}\cdot\Delta\phi_{0.5}}{t_{dw}\theta_r} \tag{5.17}$$

在仰角搜索范围 θ_r 较大时,可以利用式(2.40)或式(2.42)计算出搜索空域立体角的值,再次给出如下:

$$R^4=\frac{P_{av}A_r\sigma}{4\pi kT_e(S/N)_{n,o}L_s}\cdot\frac{T_s}{\Omega} \tag{5.18}$$

或者

$$\Omega=\frac{T_s\lambda^2}{A_r t_{dw}} \tag{5.19}$$

式中,R 为雷达作用距离;P_{av} 为雷达平均功率;A_r 为雷达接收孔径面积;σ 为目标截面积;$k=1.38\times10^{-23}$ J/K 为波耳兹曼常数;T_e 为接收系统的噪声温度;L_s 为雷达系统损耗,包括传输损耗和处理损耗;$(S/N)_{n,o}$ 为 n_s 个脉冲经脉冲压缩滤波器后的输出信噪比;T_s

为搜索时间；Ω 为搜索空域，单位为立体弧度；λ 为雷达波长；t_{dw} 为波束驻留时间。

5.2.3.3　使用 STK 工具进行搜索屏设置

上述搜索时间和搜索空域的计算有助于从理论分析雷达的搜索能力。实际中，为了方便和直观，通常使用 STK 工具辅助进行搜索屏设置，主要步骤为：

（1）根据弹道导弹的发点、落点和速度确定一条标准弹道，设置雷达部署位置；

（2）计划雷达在某一高度发现弹道导弹目标，根据高度信息得到目标的经度和纬度；

（3）进行坐标变换，将预计的发现位置（大地坐标）变换为雷达球坐标（距离、方位和俯仰）；

（4）设置搜索屏的方位中心、俯仰中心、扫描范围、雷达探测距离；

（5）利用 STK 工具的 Access 选项分析弹道导弹目标的穿屏时间；

（6）修改发现目标的高度、搜索屏的设置参数，重复步骤（2）～（5），直到满足要求。

5.2.4　波位编排

搜索任务是在雷达球坐标系下定义的，在扫描过程中，当相控阵雷达天线波束偏离法线方向时，波束宽度随天线波束的扫描角度增大而展宽，同时波束形状也有所变化，在球坐标系下来分析较为复杂。而且，相邻天线波束的间隔（波束跃度）也会变化，所以需要修正波束宽度和波束跃度[16]。

当天线单元间距 $d=\lambda/2$ 时，天线波束宽度 $\Delta\theta_{0.5}$ 与天线扫描角 θ_s 的余弦成反比，其表达式为

$$\Delta\theta_{0.5} \approx \frac{1}{\cos\theta_s}\theta_0 \tag{5.20}$$

式中，θ_0 为法向时的波束宽度，可知扫描角 θ_s 越大，天线波束宽度 $\Delta\theta_{0.5}$ 越宽。当 $\theta_s=60°$ 时，天线波束宽度将展宽 2 倍。

通过坐标变换将雷达球坐标转换为正弦空间坐标，在正弦空间坐标系内天线方向图不随扫描角而改变，即在正弦空间坐标系内消除了波束展宽效应，使得在正弦空间内进行波位编排相对简单[72]。所谓正弦空间（或者说 $\sin\theta$ 空间），简单地说，就是单位球面在阵列平面上的投影。在正弦空间坐标系下，波束宽度和角位置增量不用度或弧度来描述，而是用它们的正弦或正弦增量（两者不随扫描角变化）来描述。正弦坐标系的定义为

$$\begin{cases} \alpha = \dfrac{x''}{R} \\ \beta = \dfrac{y''}{R} \end{cases} \tag{5.21}$$

式中，x''、y''、z'' 为阵列坐标系下的直角坐标；$R=\sqrt{x''^2+y''^2+z''^2}$。

进行整个搜索空域的波位编排仿真，令雷达方位和仰角波束宽度均为 2.2°，方位覆盖范围为 ±60°，俯仰覆盖范围为 0°～80°，阵面倾斜角为 30.7°。首先，把描述方位和俯仰

范围的四条边线变到正弦空间坐标系下,确定正弦空间坐标系下的覆盖范围;然后,将方位和俯仰波束跃度(90%波束宽度)也变换为正弦空间坐标,在正弦空间坐标系覆盖范围内均匀填充波位,如图 5-8 所示。

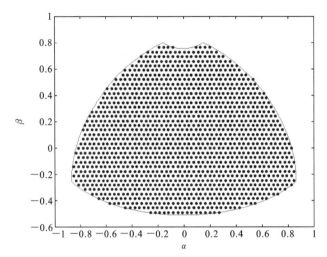

图 5-8　正弦空间坐标系下的覆盖范围和波位坐标

最后,将正弦空间坐标系下填充的波位变换到雷达球坐标系下,球坐标系下的覆盖范围和波位坐标如图 5-9 所示。可知,如果不考虑波束展宽效应,以波束跃度 2° 均匀编排,需要波位数目为 2400 个,而在正弦空间坐标系下进行波位编排,统计出波位数目为 1379 个,可以明显地节省波位数量。

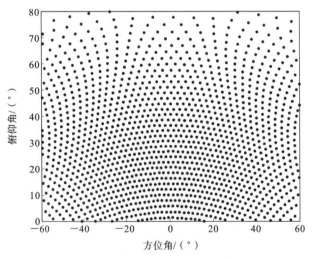

图 5-9　球坐标系下的覆盖范围和波位坐标

另外,当天线波束的扫描角 θ_s 变化时,天线有效口径、天线增益和信噪比随 θ_s 增加而降低,令波束指向天线法线方向时的信噪比为 $(S/N)_0$,扫描角 θ_s 时的信噪比为

$$(S/N)_s = \cos^2\theta_s \cdot (S/N)_0 \tag{5.22}$$

导致作用距离降低和测量精度变差,为了满足雷达探测距离要求,可能需要增加波束驻留时间。为了克服因波束扫描造成的信噪比的降低,波束驻留的脉冲重复周期数目由原来的 N_0 增加至 N_s,则

$$N_s = N_0 / \cos^2 \theta_s \tag{5.23}$$

当 θ_s 分别等于 45°和 60°时,应增加至 $2N_0$ 和 $4N_0$。

● 5.2.5 基于波形库的搜索波形调度方法

传统雷达对目标和环境的适应能力有限,采用预设工作模式和预先设计好的波形或波形序列,仅以很粗略的方式适合变化的场景,比如当雷达从搜索模式转变到跟踪模式时,波形会改变,难以满足复杂多变战场环境下探测目标的需要。如果恰当地利用波形的灵活性,在各种应用场景中能产生非常有意义的性能改善。

信号波形与雷达工作方式、资源管理、任务调度有密切关系,合适的工作波形可以在保持硬件不变的情况下获得最佳的性能。波形选择器可以根据搜索或跟踪工作方式、目标运动模型、数据处理获得的目标状态等实时地选择要发射的合适波形或波形序列。针对目标搜索和检测问题,基于目标和环境先验信息优化发射波形可以提高回波信号的信噪比,提高检测概率;在面向跟踪的情况中,目标跟踪误差与雷达发射信号的测距、测速精度联系密切,通过波形优化或波形选择有望显著改善目标跟踪精度,提升系统性能。

雷达波形在很大程度上决定了雷达可获取的目标信息的类型和质量。波形的设计与选择需要综合考虑波形特性、目标与干扰特性及想要获得的信息,常见的波形类型如表 5-2 所示[24]。在确定了发射波形后,信号检测准则以发射波形、目标回波特征为基础,确定最佳的匹配滤波和信号处理方案。

表 5-2 常见波形的特性

波 形 类 型	脉冲压缩比	主 要 约 束
固定频率脉冲	1	距离、速度分辨率较低
低重频线性调频脉冲	$>10^4$	距离-多普勒耦合、速度模糊度高
相位编码脉冲	$10^2 \sim 10^3$	副瓣较高
高重频脉冲串	$>10^8$	距离模糊度高
步进频率信号	$>10^8$	距离-多普勒耦合、距离模糊度高

基于波形库的雷达搜索波形调度的闭环过程如图 5-10 所示。主要步骤为:首先研究不同环境下发射波形优化设计方法,并根据波形优化设计结果设计离线波形库;然后基于目标和环境先验信息进行波形调度,在波形调度的一个处理周期,根据某一准则(如最大化信噪比、最大化信杂比、改善目标与电子干扰环境的区分性等)灵活地选择合适的波形或者波形序列;接收回波信号,通过最佳滤波技术抑制杂波和电子干扰,以提高目标

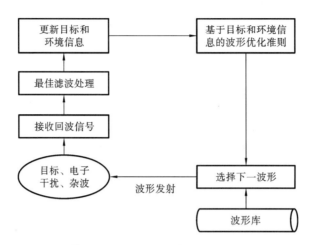

图 5-10   基于波形库的雷达搜索波形调度的闭环过程

检测概率,并更新目标和环境信息。

在离线波形库设计方面,在现代雷达快速操作的节拍下,由于仅允许很短时间(小于 100 ms)用于波形设计,实时地完全设计波形的方案是不切实际的,因此要提前设计数字波形库。离线波形库设计的目标是提出一个简洁且完备的波形库,随着目标和环境信息的变化,可以从波形库中选择一个高性能波形。

在波形优化设计准则方面,根据雷达探测空域的目标和环境信息,合适的波形应使得给定的性能最优。在杂波环境下,传统雷达的波形设计已有较为完善的方法,如距离和速度解模糊方法、基于模糊函数的方法、最大化信噪比方法等。利用认知探测闭环处理系统的杂波环境和目标信息反馈,设计最优发射波形,可以改善下一次杂波环境和目标反射的回波数据,以便获得更丰富、更精确的信息。在电子干扰环境下,基于目标回波和电子干扰在时域、空域、频域、极化域、多普勒域、波形域的特征差异,通过针对性地优化发射波形或波形选择,可以减小被敌方侦察的概率,并且增加目标和电子干扰之间的差异,实现目标回波和电子干扰的区分。

5.3   跟踪资源管理方法

搜索间隔时间确定了之后,就要在搜索时间和总跟踪时间之间进行折中,总跟踪时间和跟踪目标数量的计算是跟踪资源管理的重要内容。

反导预警雷达截获到目标后,转入跟踪。跟踪资源管理根据目标参数、当前系统资源使用状况、当前同时跟踪的目标数量,在多个目标之间分配资源,确定跟踪目标所用的波束指向、数据率、波形。

跟踪资源管理与跟踪目标数目和跟踪精度要求有密切关系。雷达处于跟踪状态时,通常改变发射信号的能量如脉冲宽度、驻留时间等来调整回波信号的幅度和信噪比，以及通过改变跟踪采样的数据率来改变跟踪精度。此外，反导预警雷达在跟踪多批目标的情况下还要维持对整个搜索空域或部分搜索空域的搜索，以便发现可能出现的新目标。所以，跟踪资源管理的目的为：

(1) 尽可能高的跟踪精度（通常需要高的数据率）；

(2) 尽可能多的跟踪目标数量（并非越多越好，要求适当的跟踪目标数量）；

(3) 维持搜索，以便发现可能出现的新目标。

5.3.1　跟踪工作方式的概念

反导预警雷达在跟踪弹道导弹目标的同时，还需要继续搜索空域，截获新目标，因此搜索加跟踪(TAS)工作方式成为一种常态。在发现目标之后，需要进行目标确认、参数测量、目标跟踪、弹道预报和分类识别，这些功能都是在跟踪工作方式下完成的[16]。

搜索状态下发现目标之后，在转入跟踪之前都必须有一个目标确认过程或捕获过程。由于它在信号能量分配、数据采样安排等方面与跟踪方式相似，故将其放在跟踪工作方式里进行讨论。

跟踪工作方式和搜索工作方式在波束照射范围、发射波形和数据率等方面不同。在安排跟踪方式上通常要满足大的发射能量、高的数据率、高分辨率等要求。两种工作方式都可以根据不同距离采用不同的发射波形，发射波形的差别主要体现为：搜索工作方式常用多波束方式，以提高搜索数据率；跟踪工作方式要求有较大的回波功率。搜索方式和跟踪方式下发射波形的差异示意图如图 5-11 所示。

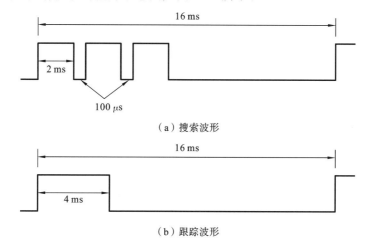

图 5-11　搜索工作方式和跟踪工作方式下发射波形的差异示意图

搜索数据率是指相邻两次搜索完给定空域的时间间隔的倒数，典型值为几秒，跟踪数据率是对同一目标跟踪采样间隔时间的倒数，典型值为 0.1～2 s。

5.3.2 跟踪时间和跟踪目标数目的计算

反导预警雷达要根据不同探测任务,确定出不同的跟踪目标数目。能同时跟踪的目标数量是雷达的一个重要战术指标,对跟踪精度、数据率等具有重要影响[16]。

由式(5.10),即 $T_{si} = T_s + T_{tt}$,可知在跟踪加搜索工作状态下,要将雷达观察时间在搜索方式与跟踪方式之间进行分配。由搜索资源管理知识可知,搜索时只要满足一定的截获概率,搜索数据率可尽可能放宽要求,允许较大的搜索间隔时间。但为了保证跟踪精度、航迹关联等要求,跟踪间隔时间应小些。要解决这一问题,就需要把跟踪时间安插在搜索时间内,搜索时间和跟踪时间的分配示意图如图 5-12 所示。图中,在跟踪时间 T_t 内,对所有目标进行一次跟踪采样;在 T_{si} 内,对已跟踪的所有目标进行 4 次跟踪采样,对整个预定搜索空域进行一次搜索,搜索时间 $T_s = T_{s1} + T_{s2} + T_{s3} + T_{s4}$。

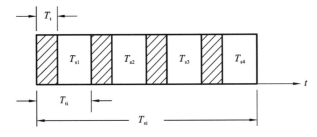

图 5-12 搜索时间和跟踪时间的分配示意图

当对所有被跟踪目标均采用同样的跟踪采样间隔 T_{ti} 和同样的跟踪波束驻留时间 $N_t T_r$ 时,这种跟踪状态可称为简单跟踪状态[16],其中 N_t 为波束驻留脉冲数,T_r 为脉冲重复周期。

对简单跟踪状态,单个目标的跟踪时间为 $N_t T_r$,对 n_t 个目标进行一次跟踪所要求的跟踪时间 T_t 为

$$T_t = n_t \cdot N_t T_r \tag{5.24}$$

由于搜索间隔时间 T_{si} 远大于跟踪间隔时间 T_{ti},故在 T_{si} 内要多次对目标进行跟踪,因此,在 T_{si} 内总的跟踪次数 M_T 为

$$M_T = T_{si} / T_{ti}$$

则在 T_{si} 内总的跟踪时间 T_{tt} 为

$$T_{tt} = T_t \cdot M_T = n_t N_t T_r \cdot T_{si} / T_{ti} \tag{5.25}$$

将式(5.25)代入式(5.10),可得

$$T_{si} = T_s + T_{tt} = T_s + n_t N_t T_r \cdot T_{si} / T_{ti} \tag{5.26}$$

对式(5.26)进行变换,可得跟踪目标数目 n_t 为

$$n_t = (T_{si} - T_s) \frac{T_{ti}}{T_{si}} \cdot \frac{1}{N_t T_r} \tag{5.27}$$

此式的物理意义很明显，$T_{si}-T_s$ 表示搜索间隔时间与搜索时间之差，亦即可用于跟踪的时间。可见，减少搜索时间 T_s，降低跟踪数据率，即增加跟踪间隔时间 T_{ti}，或者降低跟踪波束驻留时间 $N_t T_r$，都可增加跟踪目标数目。然而，这与跟踪资源管理的目的是矛盾的。

在对多目标进行跟踪时，有多种跟踪状态，相应地有多种不同的跟踪间隔时间，复杂跟踪状态下的跟踪目标数目计算见文献[16]等。以两种跟踪状态为例，假设有两种跟踪状态 a 和 b，搜索时间和跟踪时间的关系示意图如图 5-13 所示。

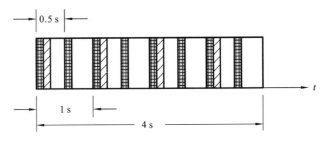

图 5-13　有两种跟踪状态情况下搜索时间和跟踪时间的关系示意图

处于两种跟踪状态的目标数分别为 n_{ta} 和 n_{tb}，跟踪间隔时间分别为 T_{tia} 和 T_{tib}，波束驻留时间相同，则用于这两种跟踪状态的目标跟踪时间分别为

$$\begin{cases} T_{tta}=n_{ta}N_t T_r \cdot T_{si}/T_{tia} \\ T_{ttb}=n_{tb}N_t T_r \cdot T_{si}/T_{tib} \end{cases} \tag{5.28}$$

则搜索间隔时间 T_{si} 可表示为

$$T_{si}=T_s+T_{tta}+T_{ttb} \tag{5.29}$$

如果搜索时间和最大允许的搜索间隔时间是给定的，那么允许的最大跟踪目标数目便可完全确定，其满足的关系式为

$$T_{tta}+T_{ttb}\leqslant T_{si}-T_s \tag{5.30}$$

将目标跟踪时间代入，并化简得

$$n_{ta}N_t T_r \cdot T_{si}/T_{tia}+n_{tb}N_t T_r \cdot T_{si}/T_{tib}\leqslant T_{si}-T_s \tag{5.31}$$

$$\frac{n_{ta}}{T_{tia}}+\frac{n_{tb}}{T_{tib}}\leqslant \frac{T_{si}-T_s}{N_t T_r \cdot T_{si}} \tag{5.32}$$

由不等式可以计算得到能跟踪的目标总数

$$n_t=n_{ta}+n_{tb} \tag{5.33}$$

反导预警雷达在搜索过程中将不断出现新目标，有的目标失跟，或进行目标识别，这些任务比跟踪任务消耗更多的时间资源，能跟踪的目标数目也将显著变化。

● 5.3.3　目标跟踪状态的划分

传统的多目标跟踪环境下的资源管理方法通常假设所有目标都处于同等的地位，雷达系统对这些目标的跟踪精度越高越好，也就是追求目标跟踪的协方差最小的准则，包括基于风险代价的方法、基于信息论的方法、基于协方差控制的方法等[25]。

正确选定跟踪数据率对确保跟踪的连续性和跟踪精度有重要意义。当搜索空域小和跟踪目标数目少时，可在雷达控制计算机的程序控制下提高跟踪数据率。当跟踪目标数目增多，雷达又要对每一个跟踪目标都要采用高的跟踪数据率时，有可能不得不将全部时间资源与信号能量都用于跟踪，这就会挤占搜索所需的时间和信号能量，削弱雷达的搜索能力。在目标数量大于雷达目标跟踪容量的情况下，即使在完全停止搜索状态之后，也有可能无法保证按要求的跟踪数据率对所有目标进行正常跟踪。跟踪目标数量增加后搜索时间和跟踪时间的分配示意图如图 5-14 所示。

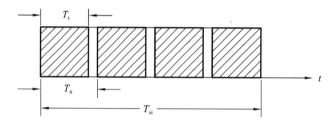

图 5-14　跟踪目标数量增加后搜索时间和跟踪时间的分配示意图

跟踪时间资源管理的合理的解决途径是[9][16]：预先安排若干种跟踪状态，将被跟踪目标按目标类型、重要性、威胁度、距离远近等分为不同跟踪状态的目标，利用相控阵天线波束扫描的灵活性，对不同的跟踪状态选择不同的跟踪数据率、跟踪波形和跟踪波束驻留时间。不同跟踪状态下所需数据率的差别如表 5-3 所示。

表 5-3　不同跟踪状态下所需数据率的差别

跟 踪 状 态	跟踪数据率
跟踪确认	高数据率
目标机动	高数据率
稳定跟踪重点目标	高数据率
稳定跟踪一般目标	低数据率
维持跟踪	低数据率

5.3.4　多目标跟踪场景下基于波形库的波形调度方法

基于文献[73]的思想，在多目标跟踪场景下，采用基于波形库的波形调度方法，其基本思想是，基于预先设计的波形库，利用目标状态和跟踪误差协方差矩阵在波形库中选择合适的跟踪波形，自适应调整跟踪间隔时间，达到减少总跟踪时间、允许更多的搜索时间的目的。

一种基于波形库的雷达跟踪波形调度的闭环过程如图 5-15 所示。

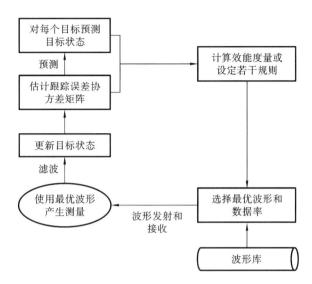

图 5-15　基于波形库的雷达跟踪波形调度的闭环过程

图 5-15 中,跟踪波形调度的主要过程为:选择最优波形,利用最优波形进行检测和测量;利用测量值进行跟踪滤波,包括滤波和预测两个阶段;利用跟踪估计得到的跟踪误差协方差矩阵和预测得到的下一时刻目标状态,计算效能度量函数或设定的若干效能度量准则,据此选择最优波形和跟踪数据率,完成一个探测的闭环过程。

在波形选择中,效能度量函数是目标状态和测量值间的互信息,这个互信息可表达为

$$\mathrm{MOE} = \mathrm{logdet}(1 + \boldsymbol{R}_\mathrm{w}^{-1}\boldsymbol{R}) \tag{5.34}$$

式中,$\boldsymbol{R}_\mathrm{w}$ 为波形的自模糊函数的平方模的 Hessian 阵,描述与预测目标状态相对应的波形的信息;$\boldsymbol{R}$ 为目标跟踪误差协方差矩阵。随着环境和目标状态的改变,在离线波形库中可以选择一个高性能波形,能够最大化效能度量函数。

评估波形调度性能的评估指标通常采用目标跟踪误差协方差矩阵和波形调度的重访数量,即总的跟踪采样次数。

5.3.5　搜索和跟踪工作方式情况下的信号能量管理

由于反导预警雷达要同时实现大空域搜索和多目标跟踪,因此要讨论如何分配搜索状态和跟踪状态的照射时间。

5.3.5.1　信号能量管理的控制参数

信号能量管理的实质是在各种工作方式之间合理分配雷达的时间资源与信号功率资源,使雷达运行过程中有更好的自适应能力。

将式(5.9)代入式(5.26)可得信号能量管理的控制参数之间的关系：

$$T_{si} = T_s + T_{tt} = \frac{\phi_r \theta_r}{\Delta\phi_{0.5} \Delta\theta_{0.5}} \cdot N_s T_r + n_t \cdot N_t T_r \cdot \frac{T_{si}}{T_{ti}} \qquad (5.35)$$

由式(5.35)可知，调节信号能量的控制参数如表5-4所示

表5-4　信号能量管理的控制参数表

序　号	控　制　参　数	字　符　描　述
1	搜索间隔时间	T_{si}
2	搜索时间	T_s
3	跟踪时间	T_{tt}
4	搜索空域立体角	$\Omega = \phi_r \theta_r$
5	波束驻留脉冲数	N_s 或 N_t
6	脉冲重复周期	T_r
7	目标跟踪数目(舍弃次要目标)	n_t
8	跟踪间隔时间(数据率)	T_{ti}

另外，实际中用的较多的集中能量工作方式主要是科学选择波束驻留时间，确保重点搜索空域的搜索和重点目标的跟踪测量。

5.3.5.2　搜索与跟踪状态之间的信号能量分配

由于跟踪目标数目 n_t 等因素的变化，T_{tt} 是经常变化的，这使得相控阵雷达控制程序要不断在搜索状态和跟踪状态之间进行信号的能量分配。

设 $T_s = K_s T_{si}$，$T_{tt} = K_t T_{si}$，则 $T_{si} = T_s + T_{tt}$ 可改写为

$$T_{si} = (K_s + K_t) T_{si}, \quad K_s + K_t = 1 \qquad (5.36)$$

式中，K_s、K_t 分别为搜索、跟踪状态下的信号能量分配系数。

在搜索与跟踪状态之间分配信号能量就是要根据不同的目标状态，如目标数目多少、目标分布的远近、目标 RCS 的大小、目标的重要性与威胁度、目标是否有先验知识、对目标测量精度的不同要求等，合理选择 K_s 和 K_t。在进行多目标跟踪时，仍应继续搜索以便发现可能出现的新目标。这时在进行信号能量分配时，在保证最少的搜索时间即 $K_s > K_{smin}$ 的条件下，将剩下的信号能量全部分配给跟踪工作方式。因此，$T_{si} = T_s + T_{tt}$ 可改写为

$$T_{si} = (K_{smin} + K_t + K_{s+}) T_{si}$$

式中，K_{smin} 为最低程度搜索的信号能量分配系数，K_t 为跟踪状态下的信号能量分配系数，K_{s+} 为剩余时间用于搜索的信号能量分配系数。

对一些精密跟踪相控阵雷达，如果不能确信已跟踪的目标是预计要观测的目标，则可以在目标飞行轨迹周围安排一个随时间移动的搜索区域，分配一定的用于搜索的信号能量，以便及时发现预计要观测的目标，如隐身弹头、分离的多弹头等，并可在出现目标跟踪丢失后，能重新将其捕获。因此，$T_{si} = T_s + T_{tt}$ 可改写为

$$T_{\mathrm{si}} = \left[K_{\mathrm{smin}} + (K_{\mathrm{t}} + K_{\mathrm{follow-up}}) \right] T_{\mathrm{si}}$$

式中，K_{smin} 为最低程度搜索的信号能量分配系数，K_{t} 为跟踪状态下的信号能量分配系数，$K_{\mathrm{follow-up}}$ 为随动搜索的信号能量分配系数。

5.4　识别资源管理方法遇到的问题

针对目标识别的资源管理是当前研究的前沿和难点问题。资源管理的示意图如图 5-16 所示，识别资源管理的难点包括根据目标威胁度选择待识别目标，根据资源需求选择特征提取的方法等多个方面。

为了选择待识别目标，雷达需要具有对目标进行威胁评估的能力，从而根据威胁等级自动调整资源，保证对高威胁目标的跟踪和识别。对于导弹类目标，威胁评估主要包括态势处理和威胁等级确定两个过程。态势处理主要是根据目标类型、目标数量、运动特性、来袭方向、弹道预报等因素，结合我方重点保护区域（目标）、保护级别、拦截武器部署等，进行态势特征提取、态势分析和态势预测，形成态势图像。在态势处理的基础上，综合来袭目标的机动能力、突防措施及作战企图，估计来袭目标的杀伤能力和对我方保卫目标的威胁程度，最终形成威胁等级，并给出预警时间、落点预报等告警信息。

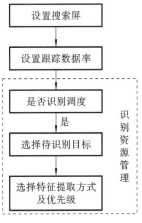

图 5-16　资源管理示意图

可用于弹头目标识别的特征包括 RCS 特征、弹道特征、一维距离像特征、二维图像特征、微动特征和极化特征等，对应着多种特征提取方法。目标识别过程中，各种特征提取方法需要的波形、数据率和积累时间不同。典型场景下特征提取方法的资源需求如表5-5所示[9]，表中数值由仿真得到，给出了量级，对于时间资源需求较多的识别方式，需要从中抽取出部分时间用于其他工作方式。

表 5-5　特征提取方法的资源需求

目标特征	积累时间	工作方式
RCS 序列	较长时间非相干积累（几秒）	窄带跟踪
轨道特征	较长时间非相干积累（几十秒）	窄带跟踪
极化特征	短时间（几毫秒至几十毫秒）	极化测量
微动特征	较长时间相干积累（几秒）	微动测量
HRRP	短时间（几毫秒）	宽带测量
ISAR（转台）	较长时间相干积累（几秒至几十秒）	宽带测量
ISAR（微动）	较长时间相干积累（几百毫秒）	宽带测量

在提取 RCS 序列周期特征、微动特征和 ISAR 成像时，需要较高的分辨率、数据率和较长的观测时间，这给雷达在时间资源调度方面带来了挑战。因此，需要充分利用检测和跟踪数据用于特征提取，研究利用较少的雷达资源进行特征提取的算法，在特征提取时，需要抽取部分资源用于检测和跟踪任务。

一种简单的识别资源管理流程如下：

（1）根据目标的威胁程度选择待识别的目标；

（2）基于特征有效性和资源需求选择合理的特征提取方法；

（3）在雷达资源足够时，尝试多种特征提取方法进行目标综合识别。真假目标特性不能确切知道，且突防时常常"隐真示假"，但诱饵不可能在所有特征上与真弹头相同，所以在特征提取方法的选择上，既要利用先验知识，也要兼顾不确定性，在多种特征提取方法上进行尝试；

（4）在每次进行调度时调整特征提取方法，其中序列特征提取方法如 RCS 序列和一维像序列，要在多个调度周期安排雷达事件，且具有较高的数据率。

5.5 任务调度方法

反导预警雷达需要同时跟踪多个目标，且搜索、跟踪或识别任务都将消耗不同的雷达资源，而雷达资源又是有限的，就需要选择合适的任务及其工作方式，并自适应调整雷达资源。

当反导预警雷达工作时，它对每个目标或空域采取的每一种工作方式都是通过计算机的调度程序进行的。自适应调度算法综合考虑雷达事件优先级、数据率、截止期等因素，能够适应于动态环境，并充分利用雷达资源，有利于在复杂电磁环境中较早地发现真实目标，较多地跟踪真实目标，发挥雷达资源的最大潜力。

● 5.5.1 任务调度的概念

任务调度也称为工作方式调度，是指雷达根据工作模式、任务规划、当前面临的环境状况及目标特性等因素，在各种时间、能量资源和设计约束限制条件下，对雷达的搜索、确认、跟踪、识别等任务进行调度和资源分配，选择最佳的一组任务执行队列，以均衡和充分利用雷达系统资源，充分发挥相控阵雷达的优势[60]。同时，任务调度软件能够实时统计和估算系统资源使用情况，据此自主或人工调整目标跟踪数量、特征提取方法、任务优先级、目标跟踪数据率等工作参数，实现多任务动态管理。

对于若干雷达波束请求，经过雷达控制器处理，形成待执行事件链表、延迟请求链表和删除请求链表,执行事件链表为被调度成功的任务序列。多任务调度问题示意图如图5-17 所示。

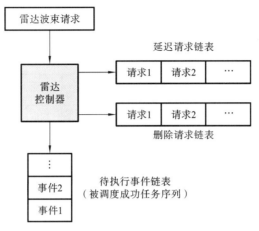

图 5-17　多任务调度问题示意图

5.5.2　调度策略的分类

所谓调度策略,是指调度程序按什么准则和方法处理各种可能的波束请求,安排在一个调度间隔内的事件序列。

关于调度策略的设计方法是多种多样的,归纳起来常用的方法有四种[70]:固定模板、多模板、部分模板和自适应算法。在实现上,它们各有优缺点,对于多用途、多功能雷达,自适应算法是最灵活和最有效的设计方法。

5.5.2.1　固定模板

固定模板方法是指在每个固定长度的调度间隔内分配一组固定组合雷达事件的调度方法。固定模板示意图如图 5-18 所示,按照此模板,在每个调度间隔内,调度程序依次安排五个雷达事件:确认—跟踪—跟踪—搜索—搜索。

图 5-18　固定模板示意图

固定模板方法是一种简单的调度方法,优点是设计和分析简单。由于它不要求实时地对事件排序,所用的计算机时间和存储器开销最少。

固定模板方法的缺点是不能灵活且自适应地调整雷达资源,只可能适用于特定的目标环境,不可能适用于多样化的动态环境。同时,就雷达时间和能量的利用情况而言,雷达运用效率低。固定模板设计一般限于单一用途或单一功能的雷达使用。

5.5.2.2 多模板

多模板调度策略,即设计一组固定模板,使每一种模板与一种特性的雷达环境相匹配。多模板示意图如图 5-19 所示。

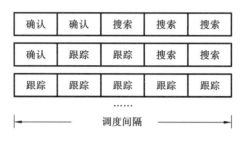

图 5-19 多模板示意图

多模板方法是固定模板方法的一种推广,在简单场景下调度效率更高。为了与环境相适应,有的雷达系统少则使用 3 个,多则使用几十个模板。随着模板种类的增加,对计算机的处理要求也随之增加,并且即使模板种类增加的非常多,也难以达到自适应调度的灵活性和适应性。多模板设计适用于具有有限用途和功能的雷达。

5.5.2.3 部分模板

部分模板的基本特征是:在每个调度间隔内预先安排若干个搜索事件,以维持最低程度的搜索操作,同时允许根据优先级规则和各种约束条件安排剩余时间内的事件。

图 5-20 部分模板示意图

部分模板设计方法的优点是雷达资源利用效率高,对环境的灵活性和适应性较强,适用于具有有限的数据处理资源(处理时间和存储器)的多用途和多功能雷达。

5.5.2.4 自适应调度算法

所谓自适应调度算法,是指在满足不同任务相对优先级情况下,在雷达设计条件范围内,通过实时地平衡各种雷达波束请求所要求的时间、能量和计算机资源,为一个调度间隔选择一个最佳雷达事件序列的一种调度方法。

它满足以下几条自适应准则:

(1)与动态的雷达环境相适应;

(2)与规定的不同任务的相对优先级相适应;

(3)时间、能量和计算机资源得到尽可能充分的利用;

(4)在雷达设计条件的约束范围内;

(5)波束请求安排在时间上尽可能均匀,以免出现峰值资源要求。

我们把满足以上五个条件调度的雷达事件序列称为最佳雷达事件序列,因为在满足系统作战要求的条件下,它所对应的调度效率最高。

自适应算法的功能设计流程图如图 5-21 所示,它根据雷达事件优先级及约束条件将各种波束请求依次填入调度间隔模板,建立待执行的雷达事件队列。自适应算法以串联的形式表示单个约束滤波器,并且引入了一个公用的拒绝队列。在每个调度间隔开始时,应该重新检查拒绝队列中的备选事件,因为有些即将达到截止期的波束请求一般代表高优先级的波束请求。

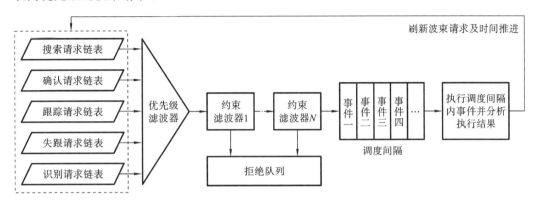

图 5-21　自适应算法的功能设计流程图

当设计师面临多用途和多功能雷达应用时,自适应算法是最灵活和最有效的设计方法。自适应算法的优点是具有与动态环境相适应的能力,雷达资源得到非常高效的使用,对雷达硬件设计变化不敏感,缺点是设计较为复杂。

5.5.3　影响自适应调度策略的主要因素

调度策略需要考虑任务的重要性、时间的紧迫性、任务的耦联性、资源占用度等问题。具体地说,调度策略的设计主要受以下几个因素的影响[70]。

1. 雷达任务的相对优先级

在多目标威胁环境中,雷达调度程序总是面临着多种请求,而且这些请求可能竞争同一时间槽。但是,由于受到雷达资源和设计条件的约束,这些请求不可能同时得到满足,因此必须规定各种任务的相对优先级。雷达任务的相对优先级主要取决于相应目标(或空域)的相对重要性和时间紧迫程度,而且与系统设计师的经验和主观判断有关。一种典型的反导预警雷达任务类型和相对优先级如表 5-6 所示[9][34]。

表 5-6　一种典型的雷达任务相对优先级

类　　型	优 先 级	用 途 说 明
保留	1	保留最高优先级,用作紧急请求调度
专用请求	2	宽带、识别、测速

续表

类　　型	优　先　级	用　途　说　明
确认	3	可疑目标的验证
重要跟踪	4	重要目标的跟踪
警戒搜索	5	警戒区域搜索，包括重要目标的引导搜索
失跟捕获	6	设置丢失再捕获的搜索屏
维持跟踪	7	目标跟踪维持
反干扰	8	利用主波束对干扰源的测向、跟踪
任务搜索	9	主要用于对空间目标、任务计划目标的搜索
普通搜索	10	例行值班搜索

对于不同型号的雷达，优先级顺序是有区别的。而且，雷达任务优先级的相对性，不仅是指在正常条件下任务的相对重要性，而且也是指在非正常条件下相对重要性的可变性。

由于雷达资源是有限的，只能分批处理雷达事件，其排序原则如下：

（1）对不同的波束请求，以当前优先级进行排序。

（2）对于同一种波束请求队列，由于有相同的优先级，因而采用先进先出的方案。

（3）对于固定的、静态的优先级排序，优先级较低的波束请求难以实现，因而必须不断调整优先级，比如根据任务的截止时间，提高未执行过的波束请求的优先级。

2. 调度间隔

调度间隔为系统控制程序调用调度程序的时间间隔。仅当调度程序被调用时，调度程序才对即将发生的调度间隔内的雷达事件做出安排。一般选择调度间隔为0.1～2 s。

调度间隔选择得过长，就无法实现系统对某些任务的调度要求；调度间隔选择得过短，会增加计算机的开销。因此，调度间隔的选取需要折中考虑，一般要考虑最高跟踪数据率、任务执行速度等方面。

3. 约束条件

调度策略的设计必然受到雷达资源和设计条件的影响。常见的约束条件有时间资源约束、能量资源约束、雷达设计条件约束等。

（1）时间资源约束。任何一个雷达事件的发生，从波束定位到事件完成，都要求雷达有相应的波束驻留时间，而调度间隔时间一旦选定之后，在一个调度间隔内可能安排的雷达事件数也是有限的。

（2）能量资源约束。任何一个雷达事件的发生，都要求雷达发射机发射一个或多个形状不同的脉冲，即消耗一定数量的能量。雷达发射机功率有限，这对雷达跟踪能力构成限制，所以一个调度间隔内，雷达事件的累计脉冲持续时间所占调度间隔的比例，即平均占空比，不能超过发射机的占空比限制，以保证雷达发射机不过载。

（3）雷达设计条件约束。它是指某些硬件设计所造成的限制，如移相器、计算机等。在每一个雷达事件结束之后，雷达回波要经信号处理机送到信息处理与控制计算机进行数据处理和资源调度,因而要占用相应的计算机处理与存储资源,计算机资源约束一般表示为在单位时间内允许的最大跟踪波束数目。

5.5.4　自适应调度程序的设计方法

雷达的调度操作是以一种连续循环的方式不断地选择波束请求来进行的。信号处理模块和数据处理模块生成波束请求链表并提供给调度程序,如搜索、确定及跟踪请求链表等;经调度处理后,建立待执行的雷达事件链表;控制计算机和雷达时间同步后,向雷达发射机和波束控制器提供雷达事件的内容。

雷达调度算法的伪代码描述如表 5-7 所示。

表 5-7　雷达调度算法的伪代码描述

将信号处理和数据处理模块提出的波束请求加入相应的请求链表

雷达调度开始,时钟定时

　　根据调度间隔时间长度,计算本次调度的开始时间与结束时间

　　调整本次调度的任务类型相对优先级

　　按照优先级排序准则,对请求链表进行排序

　　遍历排序后的波束请求链表

　　　　取出一个波束请求

　　　　如果满足约束条件,将该请求置于事件链表,并对事件的数据结构赋值

　　　　如果调度间隔已满,结束遍历

　　将剩余的波束请求分别置于延迟请求链表和删除请求链表,本次调度结束

随时间推进,将事件链表内容发送给发射机和波束控制器等雷达分系统

信号处理和数据处理模块处理回波信号,并提出波束请求

继续下一次调度处理

资源调度模型的输入为信号处理和数据处理模块提出的波束请求链表,输出为一个雷达事件链表,其中每个请求和事件可以采用如下的数据结构:

(1)目标情报,如目标编号、目标类型、RCS 估计值、威胁等级等;

(2)雷达事件信息,如事件类型、相对优先级、执行时间、截止时间、空间坐标;

(3)资源需求:波形(频率、脉冲重复频率、脉冲宽度、带宽、脉冲串长度)、目标跟踪数据率、积累时间、发射功率。

为了验证资源调度与管理方法,建立雷达目标探测系统软件平台,仿真流程如图5-22所示。软件平台包括目标与电磁环境回波仿真、目标检测、数据处理、资源调度、波形库等功能模块,在一个调度周期,按照雷达事件链表选择合适的波形,通过天线阵面发射出去,天线阵面接收目标和电磁环境回波信号,进行目标检测、跟踪和识别,根据波束请求链表进行资源调度与管理,形成一个闭环。仿真模型可根据感知的目标和环境信息动态

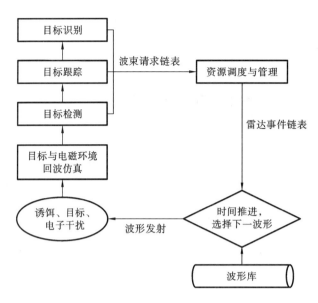

图 5-22　雷达目标探测系统的仿真流程

地调整雷达资源和雷达工作参数,对所提方法的探测性能进行验证。

通过仿真分析,能够直观深入地了解弹道导弹突防场景下目标探测系统的整个工作过程,可从目标容量、调度成功率、时间资源利用情况、目标检测性能,以及事件调度表和波束指向界面等几个方面评价雷达目标探测系统的性能[74]。资源调度与管理仿真界面如图 5-23 所示。

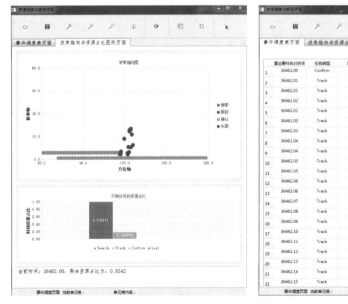

（a）波位指向与资源占比图

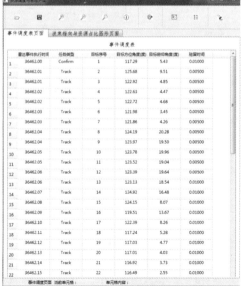

（b）事件调度表

图 5-23　资源调度与管理仿真界面

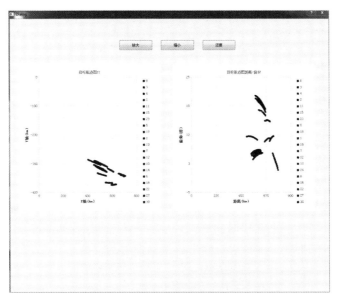

（c）雷达B显和E显界面

续图 5-23

5.6　小　结

弹道导弹目标群中目标数量多、目标特性复杂，可能包括弹头、诱饵、碎片、末修舱、箔条和干扰等，反导预警雷达需要完成搜索捕获、精密跟踪和目标识别等多种探测任务，需要同时跟踪多个目标，且搜索、跟踪或识别工作方式都将消耗不同的雷达资源，而资源有限，所以需要选择合适的工作方式，并自适应调整雷达资源。

熟练掌握资源调度与管理的理论知识有助于了解反导预警雷达的控制器和控制流程，为作战运用打下基础。"凡事预则立，不预则废"，由于导弹防御特有的不确定性，因此计划性是导弹防御指挥中的重要环节，没有事先的计划和准备，就不能获得导弹防御的胜利。针对新型目标和复杂战场环境，发挥主观能动性，进行搜索屏设置、预想特殊情况处置措施，以及制作反导预警作战预案，就体现了战争的计划性。

将来，在雷达系统设计上将采用信号处理、数据处理、资源管理一体化的软件体系，需要深入研究波形库设计、资源调度优化算法、资源调度效能评估、多传感器资源管理与协同等技术。

思 考 题

5-1 反导预警雷达资源调度与管理的功能包括哪几个方面的内容？

5-2 思考探测弹道导弹目标、飞机目标或卫星目标的工作模式有何不同？

5-3 如何描述相控阵雷达的搜索屏？

5-4 设置重点区域搜索屏的步骤是什么？

5-5 反导预警雷达截获处于上升段的弹道导弹，弹道导弹距离雷达 600 km，目标以每秒 2 km 的速度穿过搜索屏，雷达方位和俯仰波束宽度 $\Delta\theta$ 均为 2°，俯仰方向上由一层波束构成搜索屏厚度，波束驻留时间 $N_s T_r$ 为 20 ms。请计算弹道导弹穿屏时间 Δt_p 为多少秒？要求在穿屏时间 Δt_p 内，对目标进行搜索照射的次数为 2 次，则搜索间隔时间最长为多少？在搜索间隔时间内，若搜索时间 T_s 占 10%，请计算搜索屏的方位范围 ϕ_r 最多不能超过多少度？

5-6 推导跟踪时间和跟踪目标数目的计算公式。

5-7 跟踪资源管理的目的是什么？

5-8 不同跟踪状态下所需数据率有什么差别？

5-9 相控阵雷达信号能量管理的可能调节措施或控制参数有哪些？

5-10 利用 STK 软件设置雷达搜索屏的步骤是怎样的？并仿真比较不同位置雷达的目标穿屏时间。

5-11 利用 Matlab 软件的坐标转换函数，举例将目标的大地坐标转换为雷达极坐标。

第6章

目标识别

从大量诱饵、碎片、弹头等构成的目标群中发现并识别出弹头是反导预警雷达的核心问题之一，直接关系到弹道导弹防御的成败。反导预警雷达根据目标的后向散射，如目标回波的幅度、频率、相位、极化等参数，获取目标大小、形状、材料、运动参数等信息，从而达到辨别真伪的目的。本章主要介绍弹道导弹目标识别的概念、特征提取技术、分类器技术、关键事件判别技术、目标综合识别技术及目标识别效果评估技术，通过学习，理解常用特征的物理意义，掌握综合识别的方法和流程。

6.1 雷达目标识别的概念和弹道导弹
不同飞行阶段的识别对象

雷达目标识别是从雷达回波数据中提取目标的特征并进行目标的类别、真假和属性等判决的过程[75]。

雷达目标识别的基本功能包括特征提取、分类器选择与训练、目标分类和综合识别等步骤。雷达目标识别的基本功能框图如图 6-1 所示。在模型训练阶段，对训练数据进行预处理和特征提取，在获得雷达目标的特征之后，设计分类器对目标进行分类，通常包括分类器的选择和训练两部分。在目标识别阶段，先要对观测数据进行预处理，以降低噪声、杂波和电子干扰对目标识别的影响，然后提取目标的稳健特征，进行单特征分类识别和多特征综合识别。

1958 年，美国的 Barton 通过分析 AN/FPS-16 跟踪雷达记录的苏联人造卫星 Sputnik II 的回波信号，推断出人造卫星上带有角反射器，并由此推断出当时苏联的卫星跟踪网是由第二次世界大战时使用的低威力雷达组成。Barton 的推断标志着雷达

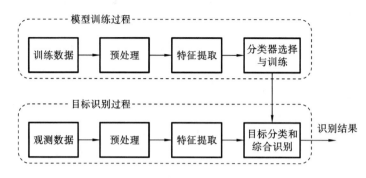

图 6-1　雷达目标识别的基本功能框图

目标识别的开始,从而使雷达的功能从发现和定位扩展到了属性判定的识别阶段[76]。

20 世纪 60 年代,美国 AN/FPS-49 超远程跟踪雷达采用轨迹比较法进行目标识别,20 世纪 90 年代以来,美国研制了很多先进雷达开展弹道导弹拦截试验,采集弹道导弹试验数据,进行目标识别研究,如美国导弹测量船"观察岛"号所载的"朱迪眼镜蛇"雷达、地基 X 波段雷达 GBR-P、海基 X 波段雷达 SBX、机动型多功能地基相控阵雷达 AN/TPY-2、远程识别雷达 LRDR 等。

在弹道导弹助推段、中段和再入段,雷达目标识别的对象不同。

在助推段,导弹点火升空,各级助推器分离,将弹道导弹送入预定弹道。导弹尾焰包含着可见光、短波、中波、红外及紫外等各个波段的辐射信号。在各级助推器分离后,雷达需要区分助推器残骸和弹道导弹母舱目标。

在中段,弹道导弹可采取不同的突防措施,母舱释放出各种轻重诱饵、箔条、包络球和有源干扰机,有些母舱还会主动爆破以形成大量的碎片,与真弹头伴飞,构成了复杂的目标群。在弹道中段,真假弹头识别的主要任务是从母舱、碎片、轻重诱饵、包络球等假目标中识别出真弹头。

进入再入段后,由于大气的过滤作用,大量的轻诱饵被过滤,但是重诱饵、干扰机等目标将始终与弹头一起伴飞,可以采用质阻比等措施进行目标识别。当运动速度超过 10 马赫时,受到气动加热效应,弹头和重诱饵在一定高度形成等离子体鞘套,电磁特性会发生明显变化。

6.2　弹道导弹目标特征提取技术

特征提取指的是从目标的雷达回波中抽取与目标属性直接相关的一个或多个特征,作为目标识别的信息来源。

真实弹头和各类假目标雷达目标特性的差异表现在不同方面,因此需要使用不同特征进行目标识别。半个多世纪以来,国内外研究得到的可供弹道目标识别的特征可分为弹道、RCS、一维距离像、ISAR 图像、微动、极化和再入特征等多种特征。

针对特定的目标特征,需要确定发射信号波形和分辨率大小,采用相适应的测量方法。为了能够得到高质量的回波信号,通常需要利用高灵敏度、高分辨率雷达进行测量。

6.2.1 弹道特征

弹道导弹的运动特性主要分为质心的运动和绕质心的运动,也就是弹道特征和微动特征。弹道特征主要包括目标航迹、速度、加速度等特征,利用特征匹配方法,通过弹道特征可对飞机、卫星、弹道导弹、电子假目标等进行初步判别。

在主动段和中段早期,目标识别任务主要是从飞机、卫星等空中和空间目标中识别出弹道导弹,实现弹道导弹发射告警。在大气层中,可利用弹道导弹与飞机目标之间的运动特性,如速度、高度、加速度等差异进行识别。在大气层外,弹道导弹与卫星都是沿椭圆轨迹飞行,通过雷达测量的位置和速度信息,可以估算弹道目标的 6 个轨道根数,从而实现星弹分类。

根据位置和速度信息进行弹道预报,可以利用椭圆弹道理论估算弹道导弹射程、发点位置等,初步确定弹道导弹类型。

6.2.2 RCS 特征

雷达散射截面积(RCS)反映了雷达目标对于照射电磁波沿着接收机方向的散射能力。RCS 的定义为

$$\sigma = 4\pi \lim_{R \to \infty} R^2 \frac{|\boldsymbol{E}_{\mathrm{s}}|^2}{|\boldsymbol{E}_{\mathrm{i}}|^2} \tag{6.1}$$

式中,σ 是雷达散射截面,单位是 m^2,R 是雷达与目标间的距离,$\boldsymbol{E}_{\mathrm{s}}$ 为雷达处收到的目标散射电场强度,$\boldsymbol{E}_{\mathrm{i}}$ 为目标处入射雷达波电场强度。根据公式(6.1),RCS 是定义在远场条件下的,因此散射电场和入射电场都是平面波,RCS 与距离没有关系。

影响 RCS 的主要因素有:视角;目标的几何参数和物理参数,如目标的尺寸、形状、材料和结构等;入射电磁波的参数,如频率、极化、波形等。在观测飞机、弹道导弹等雷达目标时,这些复杂目标可看作是很多独立散射体的集合,小的视角变化可导致各个散射体合成的回波产生较大的起伏。

RCS 信息获取较为容易,由 3.3.6 节可知,雷达接收到的目标回波功率或信噪比与目标 RCS 成正比,基于雷达方程,利用相对标定法,可以测量得到目标 RCS。

利用微波暗室测量民兵Ⅲ弹头缩比模型的 RCS(图 6-2(a)),工作频率分别为 10 GHz 和 425 MHz 的 RCS 测量曲线(图 6-2(b)),极化为水平发射水平接收。可以看出,

（a）民兵Ⅲ弹头缩比模型

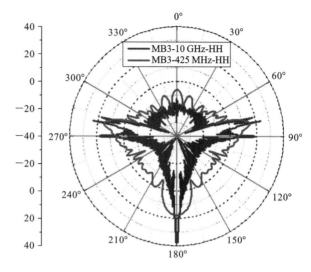

（b）RCS测量值随方位角变化

图 6-2　民兵Ⅲ弹头缩比模型及工作在 10 GHz 和 425 MHz 下的 RCS 测量曲线

RCS 随方位角变化剧烈。

　　从统计意义上看，RCS 是一个随机量。对各个目标的 RCS 序列进行分析，可以获得 RCS 大小、起伏程度及随时间的变化规律等 RCS 信息。RCS 特征提取流程如图 6-3 所示，利用统计分析法和自相关法，可从 RCS 测量序列提取 RCS 统计特征和微动周期特征（调制频率）。

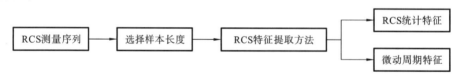

图 6-3　RCS 特征提取流程

　　RCS 统计特征通常包括样本均值、标准差、极差、偏度、峰度和统计直方图等。

　　均值表示样本的平均值，令目标 RCS 序列为 $\sigma_1, \sigma_2, \cdots, \sigma_n$，正确选择用于平均的样本个数 m，可得 RCS 均值为

$$\bar{\sigma} = \frac{1}{m} \sum_{i=k}^{m} \sigma_i, \quad 1 \leqslant k \leqslant n - m + 1 \tag{6.2}$$

通常弹头目标尺寸较小且具有隐身特性，对于 S、C、X 等频段，RCS 均值小于 0.1 m²，轻重诱饵的 RCS 均值与弹头相当，母舱的 RCS 均值比真弹头大一个数量级以上。

　　标准差表示样本偏离均值的程度，标准差为

$$s_\sigma = \sqrt{\frac{1}{m-1} \sum_{i=1}^{m} (\sigma_i - \bar{\sigma})^2} \tag{6.3}$$

　　由于弹头目标在飞行过程中可以进行姿态控制，因此，在一定的采样率条件下，RCS 起伏比较稳定，样本标准差相对较小，而弹体、母舱、轻重诱饵等目标样本标准差较大。

通常用相对标准差来判断 RCS 的稳定性,定义为样本标准差与样本均值的比值,即

$$\mu_{\sigma} = \frac{s_{\sigma}}{\bar{\sigma}} \tag{6.4}$$

极差反映了目标在统计时间内样本取值起伏的极值,当 RCS 起伏稳定时,极差偏小,即

$$r_{\sigma} = \max\{\sigma_1, \sigma_2, \cdots, \sigma_n\} - \min\{\sigma_1, \sigma_2, \cdots, \sigma_n\} \tag{6.5}$$

将 RCS 用随机变量 σ_t 表示,在对目标 RCS 进行测量和分析时,通常使用 σ_t 的统计模型。根据实验数据可以得到目标 RCS 序列的统计直方图,较多的研究者通过曲线拟合,得到了一些经典的目标起伏模型,包括 Swerling 起伏模型、χ^2(Chi-Square)分布模型、Rice 分布模型和 Log-normal 分布模型等[29][35]。

χ^2 分布模型涵盖的分布范围广,故在实际中经常采用。Swerling 起伏模型是 χ^2 分布模型的特例,当 $m=1$ 时,简化为指数分布,相当于 Swerling Ⅰ、Ⅱ 型分布,当 $m=2$ 时,代表 Swerling Ⅲ、Ⅳ 型分布,其概率密度函数为

$$p(\sigma_t) = \frac{m}{(m-1)!\ \bar{\sigma}_t}\left(\frac{m\sigma_t}{\bar{\sigma}_t}\right)^{m-1}\exp\left(-\frac{m\sigma_t}{\bar{\sigma}_t}\right) \tag{6.6}$$

式中,$\bar{\sigma}_t$ 为 σ_t 的均值,$\mathrm{var}(\sigma_t) = \sigma_t^2/m$。$\chi^2$ 分布随机变量实质上是由 $2m$ 个服从正态分布的随机变量的平方和构成的随机变量,$2m$ 称为自由度,m 值越大,起伏越小。

Log-normal 分布模型可以作为卫星、导弹、舰船、圆柱体平面和阵列等目标的起伏模型,其概率密度函数为

$$p(\sigma_t) = \frac{1}{\sqrt{2\pi}\sigma\sigma_t}\exp\left\{-\frac{1}{2\sigma^2}\ln^2\left(\frac{\sigma_t}{\sigma_m}\right)\right\} \tag{6.7}$$

式中,σ 为 $\ln\sigma_t$ 的标准差,σ_m 为 σ_t 的中值,σ_t 的均值 $\bar{\sigma}_t = \sigma_m\exp(\sigma^2/2)$,$\mathrm{var}(\sigma_t) = \sigma_m^2\exp(\sigma^2)[\exp(\sigma^2)-1]$。

仿真得到弹头目标 RCS 序列,用于平均的样本个数为 10 点,RCS 测量序列及其均值如图 6-4(a)所示,RCS 测量序列的统计直方图如图 6-4(b)所示。

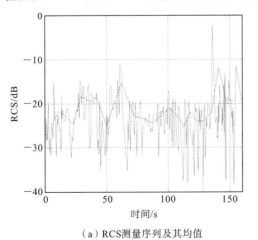

（a）RCS测量序列及其均值

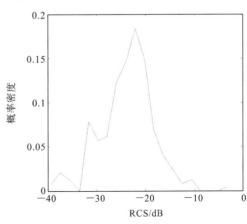

（b）RCS测量序列的统计直方图

图 6-4 RCS 测量序列的均值与统计直方图

RCS 随时间的变化规律在一定程度上反映了目标的运动信息,如弹道导弹飞行过程中相对于雷达的姿态、微动等。弹头在中段进行姿态控制,产生进动或章动,这导致目标 RCS 较为稳定并呈现出周期性变化,而大部分诱饵没有进行姿态控制,呈现翻滚状态,诱饵翻滚周期与弹头 RCS 起伏周期有较大差别。弹头目标 RCS 调制频率为 $1 \sim 10$ Hz,轻重诱饵 RCS 的调制频率小于 0.1 Hz[75]。

6.2.3 微动特征

6.2.3.1 微动的概念

微动是目标或目标部件除质心平动以外的振动、转动等微小运动,描述了目标运动的细节。对于弹头、弹体和诱饵等弹道目标,常见的微动特性包括自旋、翻滚、摆动、进动和章动。微动产生的多普勒频移称为微多普勒频率。

为了使弹头飞行稳定和准确命中目标,弹头在中段一般会进行姿态控制,以保持弹头的指向稳定,其中自旋稳定是弹头最常用的姿态控制方式,同时在弹头与母舱的分离过程中,弹头会受到冲击力矩的作用,力矩消失后,弹头对称轴将在平衡位置做圆锥运动,即进动。进动是自旋和圆锥运动(锥旋)的复合运动,中段弹头进动示意图如图 6-5 所示。进动现象体现了自旋稳定的目标抵抗外界冲击力矩的能力。有些情况下,目标在自旋、锥旋过程中还存在摆动,这时进动角随目标运动发生改变,称为章动。而母舱、碎片和诱饵一般不具备姿态控制功能,呈现翻滚、摆动等随机的运动方式。

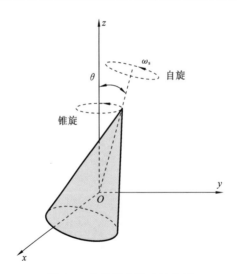

图 6-5   中段弹头进动示意图

进动是弹头中段飞行过程中的一个主要特征,其数学描述可用弹头的进动角(弹头对称轴与进动轴的夹角)、进动周期(弹头对称轴绕进动轴旋转一周的时间)、自旋周期

(弹头目标围绕自身对称轴旋转一周的时间)等三个参量来描述。

6.2.3.2 具有微动调制的弹道导弹目标回波信号仿真

利用在不同频段、不同方向上测量的静态 RCS,并设定雷达工作参数和目标的基本运动参数,如弹道导弹的发落点坐标、轨迹、进动角、进动频率等,可以仿真得到弹道导弹目标回波信号,用来分析弹道导弹在飞行过程中的动态电磁特性及基本变化规律,讨论对目标预警探测的影响。具有微动调制的弹道导弹目标回波信号的仿真流程如图 6-6 所示。

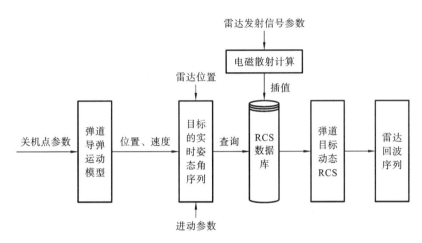

图 6-6 具有微动调制的弹道导弹目标回波信号的仿真流程

仿真步骤如下:

(1) 根据雷达发射信号参数,通过电磁散射计算获取弹道导弹目标在全姿态角下的 RCS 数据,对其进行插值,建立弹道目标 RCS 数据库;

(2) 依据关机点参数,结合弹道导弹运动模型计算任一时刻弹道目标的位置和速度数据;

(3) 进行坐标变换,在地心坐标系下,根据弹道目标位置、雷达位置和进动轴方向,得到雷达视线相对于弹道目标进动轴的夹角,结合弹道目标进动参数,得到任一时刻雷达视线相对于目标轴线的夹角,即姿态角序列;

(4) 对任一时刻目标姿态角,查询 RCS 数据库,得到弹道目标动态 RCS,进而可以得到雷达接收机信噪比动态变化值、检测性能和测量性能。

弹道导弹目标回波信号仿真结果及其探测影响如图 6-7 所示。令弹道导弹射程为 1684 km,雷达部署在落点附近,对 0.1 m² 目标的探测距离为 800 km,进动角为 5°,进动频率为 0.5 Hz。

通过仿真,可以设置典型探测场景,基于探测数据进行雷达探测效能评估,针对遇到的问题提出较优的探测方案。

6.2.3.3 基于目标回波的微动特征提取

目标微动将对雷达目标回波产生调制,从而随时间变化,回波幅度、相位和微多普勒

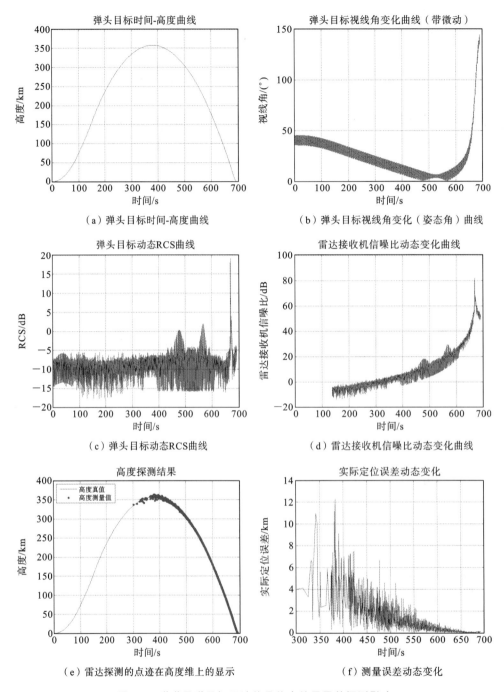

（a）弹头目标时间-高度曲线

（b）弹头目标视线角变化（姿态角）曲线

（c）弹头目标动态RCS曲线

（d）雷达接收机信噪比动态变化曲线

（e）雷达探测的点迹在高度维上的显示

（f）测量误差动态变化

图 6-7　弹道导弹目标回波信号仿真结果及其探测影响

频移会呈现周期性变化。国内外较多的研究者利用回波中包含的不同信息,研究了弹头进动特征的特征提取方法,根据所利用信息的不同,如 RCS 序列、窄带回波、宽带 HRRP 序列、ISAR 图像、极化信息等,进动特征提取也有多种方法[76]。

利用时频分析方法,精确估计微多普勒频移,是从雷达回波中提取微动特征的关键。

短时傅里叶变换、小波变换、Wigner-Ville 分布、平滑伪 Wigner-Ville 分布等时频分析技术常用于获得目标的时频图像。平滑伪 Wigner-Ville 分布仅损失小部分高分辨特性,能够在很大程度上降低交叉项的干扰。通过仿真,微动目标窄带回波的时频分析结果如图 6-8 所示,可见,由于微多普勒效应,微动目标的雷达回波产生以质心多普勒为中心的边带多普勒调制。

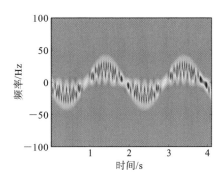

图 6-8　微动目标窄带回波的时频分析结果

由于时频图像为二维信息,很难直接利用,通常在获得的时频图像上,首先估计目标的瞬时频率,然后根据瞬时频率估计其运动参数,进而获得微动周期。

为了获得足够高的速度分辨率,需要较高的跟踪数据率对单个目标进行长时间的连续观测,这给雷达在时间资源调度方面带来了新的挑战。例如,为了达到 0.1 Hz 的多普勒频率估计精度,要求观测时长达到 10 s。如何在最佳时段以最小时间资源完成微动测量是雷达亟待解决的问题之一。另外,宽带测量情况下,微动特征提取对雷达的设计提出了更高的要求,需要雷达具有更高的分辨率来区分各个目标在空间的分布。

6.2.4　一维高分辨距离像特征

当雷达发射宽带信号,经过脉冲压缩处理,距离分辨率小于目标的几何尺寸时,目标将占据多个分辨单元,每个分辨单元的回波信号是该单元内所有散射点反射回波的矢量和。这时可以得到目标沿雷达视线方向散射强度的投影,也就是高分辨距离像(High Resolution Range Profile,HRRP)。HRRP 描述了目标散射强度沿雷达视线方向的分布情况,能够反映目标精细的结构信息,可以用来进行分类识别,但它敏感于目标姿态角。

可以直接利用 HRRP 波形特征,还可以提取目标径向长度和散射中心,获得目标散射中心数目、强度、位置等目标特征[75]。弹头、母舱和诱饵的微动会引起 HRRP 周期性变化,根据 HRRP 序列,可以提取不同目标的调制周期。但为了获得 HRRP 序列,需要高数据率和秒量级的观测时间,会占用大量雷达资源。

径向长度是目标 HRRP 在雷达视线方向所占据分辨单元的总长度,可区分具有尺寸差异的弹头和诱饵。径向长度提取示意图如图 6-9 所示(图片来源于中国电子科技集团公司 14 所)。由于噪声的影响,在 HRRP 中选取一定的门限,确定 HRRP 的起始点和结束点,可确定目标的径向长度。值得指出的是,径向长度与目标指向、目标尺寸、目标散射特性及雷达带宽等因素有关,而且,弹头目标形状简单,散射点较少,严重影响径向长度提取的精度。计算真实长度时,必须考虑目标轴向与雷达视线的夹角。

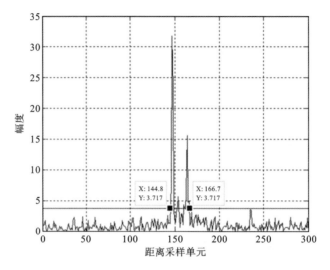

图 6-9 径向长度提取示意图

在目标的 HRRP 中,存在许多波峰和波谷,这些波峰反映了目标的强散射中心。在特征提取中,我们可以按一定的比例提取散射中心的数目,并比较它们在一定姿态下的相对位置。

6.2.5 ISAR 图像特征

逆合成孔径雷达(ISAR)成像能够实现空间非合作目标的成像,得到目标的二维高分辨图像。ISAR 成像与合成孔径雷达(SAR)成像原理相似,均采用距离-多普勒(RD)成像原理,通过发射宽带信号和脉冲压缩技术,获得距离向高分辨,依靠雷达与目标之间的相对运动,形成合成阵列来提高目标横向分辨率。

当目标威胁等级较大,并且信噪比足够高时,雷达可对该目标进行 ISAR 成像。ISAR 成像的基本流程如图 6-10 所示。在成像前首先进行运动补偿,通常包括包络对齐和相位补偿两部分。包络对齐使同一散射体的回波聚集在相同距离单元内,相位补偿消除平动引起的多普勒相位。经过运动补偿之后,下一步就是需要利用成像算法进行二维成像,主要包括转台成像和微动成像两大类算法。

转台成像利用弹道目标沿弹道整体运动进行 ISAR 成像,如距离-多普勒成像算法,转台成像需要几十秒的积累时间,实际上难于满足要求,而且弹头存在微动,增加了运动补偿难度,降低了成像质量。

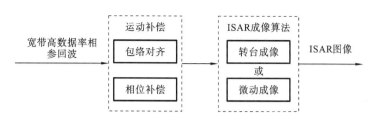

图 6-10 ISAR 成像的基本流程

微动成像利用目标的微动特性进行 ISAR 成像。由于导弹微动频率高、转角大,在较短的观测时间内即可达到方位向分辨所需的转角。为了得到进动目标清晰的图像,可以采用时频分析方法进行方位向处理,但进行时频分析需要较高的雷达重频,造成信噪比降低、成像质量降低,而且弹道目标不是只有自旋和锥旋,进动角也发生波动,使得运动补偿的精度降低。

对暗室测量数据进行成像,进动目标的微动成像仿真结果如图 6-11(a)所示,章动目标的微动成像仿真结果如图 6-11(b)所示。

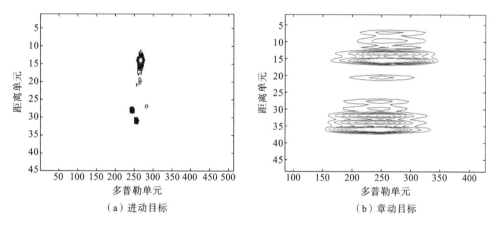

（a）进动目标　　　　　　　（b）章动目标

图 6-11 微动成像仿真结果

ISAR 图像的距离向分辨率取决于信号瞬时带宽

$$\Delta R_r = \frac{c}{2B} \tag{6.8}$$

式中,c 为电磁波传播速率,B 为信号瞬时带宽。

横向距离分辨率取决于成像积累时间内目标相对于雷达旋转的角度

$$\Delta R_{cr} = \frac{\lambda}{2\omega T} \tag{6.9}$$

式中,λ 为雷达的波长,T 为成像积累时间,ω 为转动角速度,ωT 为成像积累时间 T 内目标相对于雷达旋转的角度,可见,目标转角越大,横向分辨率越高。

利用图像处理与分割算法,可从 ISAR 图像中估计目标尺寸和形状。常用到的 ISAR 图像特征包括目标的长度、宽度、图像面积、图像周长、强散射中心等。

通过 ISAR 图像,可以直观观察目标外形和结构上的微小细节,是比较可靠的目标识别方法,但在进行 ISAR 成像时要求较长的脉冲积累时间及较精细的运动补偿。由于弹头、诱饵和碎片等构成弹道导弹群目标,目标数量多,目标运动形式复杂,如平动、自旋、进动、章动、翻滚、机动等,增加了精确补偿的难度,会造成目标 ISAR 图像模糊、散焦,从而降低成像的分辨率。在成像过程中,需要综合考虑各种目标运动特性,进行高精度补偿,同时,由于弹头目标外表光滑,散射点较小,也会影响识别效果。

6.2.6 极化特征

根据电磁学理论可知,电磁波可以由幅度、相位、频率及极化等参量做完整的表达,分别描述它的能量特性、相位特性、振荡特性及矢量特性[76]。极化是雷达目标电磁散射的基本属性之一,描述了电磁波的矢量特性,即电场矢量端在传播截面上随时间变化的轨迹特性[77]。极化主要分为线极化、椭圆极化和圆极化。

Sinclair 在 1950 年首次提出极化散射矩阵的概念。任意电场极化可以分解为一组相互正交的电场极化分量,可以用矩阵形式表示极化散射特性:

$$\begin{bmatrix} E_1^s \\ E_2^s \end{bmatrix} = \begin{bmatrix} S_{11} & S_{12} \\ S_{21} & S_{22} \end{bmatrix} \begin{bmatrix} E_1^i \\ E_2^i \end{bmatrix} \tag{6.10}$$

式中,$\begin{bmatrix} E_1^i \\ E_2^i \end{bmatrix}$ 是一组正交极化入射电场,$\begin{bmatrix} E_1^s \\ E_2^s \end{bmatrix}$ 是一组正交极化散射电场,$\begin{bmatrix} S_{11} & S_{12} \\ S_{21} & S_{22} \end{bmatrix}$ 是目标极化散射矩阵,是一个复的 2×2 矩阵。

金属球常用于雷达标校等应用。对于 RCS 为 σ 的金属球,其交叉极化等于 0,只有同极化散射,金属球的极化散射矩阵为

$$\begin{bmatrix} S_{11} & S_{12} \\ S_{21} & S_{22} \end{bmatrix} = \begin{bmatrix} \sigma & 0 \\ 0 & \sigma \end{bmatrix}$$

极化散射矩阵表征了目标对极化波的散射特性,极化特征与目标姿态、目标尺寸、形状、结构和材料有密切联系,也与雷达频率有关,所以极化散射矩阵包含了丰富的信息。极化散射矩阵可以通过测量得到,所以研究极化散射矩阵就可以得到目标的散射特性,进而得到目标的一些物理特征,这就是极化散射矩阵的实际意义。

对于分时全极化测量体制雷达,采用轮流发射一对极化状态正交的电磁波、正交双极化同时或轮流接收的方式,通过一组脉冲来测量得到目标的极化散射矩阵[77]。

对于同时全极化测量体制雷达,分别在两个正交的极化通道同时发射时域近似正交的波形,分别在两个正交的极化通道上同时接收回波信号,这样经过对一个脉冲回波信号进行处理即可获得目标的全极化散射矩阵。

利用极化散射矩阵,可以从极化测量数据中提取极化不变量和极化分解特征。极化不变量特征的概念首先是由 Brickel 于 1965 年研究极化散射矩阵变换时提出的,并且极

化不变量的数量在后来不断扩充,如行列式值、功率散射矩阵的迹、去极化系数、本征方向角、最大极化角等[75][76]。极化不变量对于特定极化平面的极化基选取无关,具有较好的稳定性。

设极化散射矩阵为 $S=\begin{bmatrix} S_{11} & S_{12} \\ S_{21} & S_{22} \end{bmatrix}$,极化基旋转 φ 后的极化散射矩阵为 S',则

$$S' = R^{\mathrm{T}}(\varphi) S R(\varphi) \tag{6.11}$$

式中,$R(\varphi)=\begin{bmatrix} \cos\varphi & -\sin\varphi \\ \sin\varphi & \cos\varphi \end{bmatrix}$。

极化散射矩阵的行列式与特定极化平面的极化基选取无关,即

$$|S'| = |R^{\mathrm{T}}(\varphi) S R(\varphi)| = |S| \tag{6.12}$$

行列式值粗略反映了目标的粗细。

与极化散射矩阵对应的 Graves 功率矩阵及功率散射矩阵的迹分别为

$$G = S^{\mathrm{H}} S \tag{6.13}$$

$$P_1 = \mathrm{Tr}(G) = |S_{11}|^2 + |S_{22}|^2 + 2|S_{12}|^2 \tag{6.14}$$

功率散射矩阵的迹实质上表征了目标的全极化 RCS 值,可大致反映目标的大小。

去极化系数定义为

$$D = 1 - \frac{|S_{11} + S_{22}|^2}{2P_1} \tag{6.15}$$

去极化系数大致反映了目标散射中心的个数,$D < 0.5$ 时为孤立的散射中心目标,$0.5 < D \leq 1$ 时为多散射中心的组合体目标。

Huynen 于 1950 年提出了极化雷达目标分解的概念,并应用于简单形体目标的分类研究。20 世纪 90 年代,Cameron、Cloude、Pottier 等人研究了基于极化散射矩阵分解的目标分类方法。弹头目标外形一般为椎体,极化分量相对稳定,轻重诱饵通常为球底充气椎体。在弹道导弹目标识别应用中,极化分解特征主要用于区分球底充气椎体和椎体弹头目标。

低分辨率情况下,极化特征对目标姿态非常敏感,影响极化特征的应用,很难直接利用极化散射矩阵进行目标分类识别。目前,宽带、全极化测量已经成为提高雷达探测性能、增强目标电磁散射信息获取能力的一个主要技术发展方向。

随着对目标和环境特性的精密测量、物理参数反演、分类识别、抗干扰等各种应用需求不断增长,具有精密极化测量能力的雷达体制已成为现代雷达主要发展趋势,现有极化理论与技术体系正面临严峻挑战和重大发展机遇[77]。

● 6.2.7 再入特征

在弹道导弹再入段,由于大气过滤作用,箔条、轻诱饵、碎片等目标在进入大气层后会很快燃烧掉,只有弹头和重诱饵进入再入段。由于质量和空气阻力不同,呈现不同的

减速特性,该减速特性可使用质阻比来表征。该特点可用于再入段目标识别和事后识别效能评估。

质阻比是再入目标质量和迎风面积的比值,相比较而言,弹头质量较重且迎风面积较小,从而质阻比较大。迎风面积是指再入目标在速度方向上的有效阻力面积。所以,再入段目标识别的关键问题是在较高的高度上快速准确地估计出再入目标的质阻比。质阻比定义为

$$\beta = \frac{m}{C_D A} \tag{6.16}$$

式中,m 为弹头重量(kg),C_D 为阻力系数(无量纲,随马赫数的变化而变化,近似为常数 2.2),A 为弹头在速度方向上的投影面积(m^2)。

质阻比计算简便,在再入段,仅需利用窄带跟踪数据就能计算出质阻比,可对再入弹头和重诱饵进行识别,是比较成熟的目标识别技术之一。再入段目标质阻比估计主要有如下两种方法。

(1) 公式法:可以利用扩展卡尔曼滤波算法(EKF)估计再入目标的速度和加速度,基于公式(6.17)近似计算质阻比[9],其估计精度依赖于对速度和加速度的估计精度:

$$\beta \approx -\frac{1}{2}\rho\frac{V^2}{\dot{V}} \tag{6.17}$$

式中,V 是目标速度,$\dot{V}$ 是加速度,ρ 是局部大气密度。

(2) 滤波法:可以将质阻比作为状态向量的一个元素,利用非线性滤波方法实时得到位置、速度、加速度和质阻比估计值,以及滤波协方差。质阻比估计示意图如图 6-12 所示。

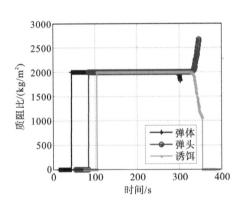

图 6-12 质阻比估计示意图

由于弹头与重诱饵在外形、再入姿态和质量等方面存在差异,实际运动中受到空气阻力的影响不同,因而它在运动特性上表现为减速的高度也不同。

典型弹道目标的质阻比如表 6-1 所示[75],一般来说,弹头的质阻比大于 2000 kg/m^2,而诱饵、母舱和碎片的质阻比小于 1000 kg/m^2。

如果弹头采用末制导技术,会使再入段的弹道、速度、加速度和质阻比等特征变得复杂,采用末制导的目的在于提高命中精度和突防能力。

表 6-1　常见弹道目标质阻比

目标类型	轻型碎片	大碎片或母舱	重诱饵	真弹头
质阻比	50	100~300	100~2000	2000~10000

6.3　分类器技术

在获得目标特征之后,需要设计分类器进行目标分类或者识别。分类器是一种函数或者映射,输入是雷达目标的特征,输出是特征对应的类别。分类器的设计和使用在雷达目标识别过程中具有重要地位,合理的分类器不仅可以提高目标识别的正确率,降低错误率,还能提高目标识别的效率和稳健性。

分成两类的分类问题是[78],根据给定的训练样本集 $\{(x_1,y_1),\cdots,(x_i,y_i),\cdots,(x_L,y_L)\}$,$L$ 为样本数,$x_i \in \mathbf{R}^n$,$y_i \in \{-1,1\}$,寻找 $\mathbf{R}^n$ 上的一个实值函数 $g(x)$,以便用决策函数

$$y = \mathrm{sgn}(g(x))$$

推断任一模式 x 相对应的 y 值,式中,sgn(·)是符号函数。由此可见,求解分类问题,实质上就是找出一个能把 $\mathbf{R}^n$ 空间分成两部分的规则。$g(x)$ 为分类函数,或称为分类器。类似地,还有多类分类问题。

当前已经较多的分类器应用于特征融合或雷达目标识别中,如模板匹配、决策树、贝叶斯分类器、模糊判别、支持向量机、神经网络等分类器及它们的组合等[75]。确定分类器的类型之后,需要利用给定类别标签的特征样本,对分类器进行训练和测试,通过分类准确率评价分类器的性能。

针对具体的目标识别问题,需要分析各种分类器的优缺点,自动选择或用人机交互方法选择最合适的分类器。

● 6.3.1　模板匹配分类器

模板匹配分类器是在一维距离像(HRRP)判别、RCS 序列判别等雷达目标识别问题上应用较多的一类分类器[75]。模板匹配法是模式识别中的一类基本方法,它将最能反映分类本质的特征作为模板(训练样本),建立包含多个类别模板的模板库,然后,将待识别目标的样本与模板库内各个参考模板按某种准则进行匹配(比较),来确定待识别目标的类别。

给定训练样本集 $\{(x_1,y_1),\cdots,(x_i,y_i),\cdots,(x_L,y_L)\}$,$L$ 为样本数,特征样本 $x_i \in \mathbf{R}^n$,类别 y_i 为整数,模板匹配分类器通过计算新样本 x 和 $x_i(i=1,2,\cdots,L)$ 的距离 $d(x,x_i)$ 来确

定 x 的类别。距离度量方法有欧式距离、曼哈顿距离、切比雪夫距离、马氏距离等。

通常采用 K 近邻方法确定样本的类别,即在训练样本集中找到与新样本最邻近的 K 个样本,这 K 个样本的大多数属于某个类别,那么新样本属于这个类别。当 $K=1$ 时,K 近邻方法成为最近邻方法。

模板匹配分类器直接、简单,具有较好的识别性能,但目标识别性能依赖于大容量、高质量的模板库。构建模板库的方法包括真实目标测量、暗室测量及数学建模等。模板库必须要与雷达的距离分辨率、频率及极化特性相适应,必须涵盖待识别目标在一系列可能的姿态角下的情况,HRRP 随姿态变化的特性会导致模板数增多,随着模板数及类别数的增多,运算量会大大增大。而且,模板库必须包含目标群中所有可能存在物体。强敌弹道导弹是典型的非合作目标,难以建立详尽的模板库进行分类器训练。

6.3.2　决策树分类器

决策树分类器是训练样本较少的雷达目标识别问题常用的分类器。决策树分类器是通过一系列规则对样本进行分类的过程。它采用分级的形式,把一个复杂的分类问题分为若干个简单的分类问题来解决,使分类问题逐步得到解决。

决策树是一个树结构,可以是二叉树或非二叉树,包括一个根节点、一组中间节点和若干个叶节点,根节点和每个中间节点表示一个特征属性上的测试,每个分支代表这个特征属性在某个值域上的输出,每个叶节点表示一个类别。

ID3 分类算法是 Quinlan 于 1986 年提出的著名决策树分类算法,利用"越简单越好"的理论,使用信息增益作为属性选择标准。具体方法是:从根节点出发,对每个特征划分数据集并计算信息增益,选择信息增益值最大的特征作为划分特征,产生决策树的节点,由该特征的不同取值建立分支,再对各分支的子集递归调用该方法建立决策树节点的分支,直到所有子集仅包括同一类别的数据为止,最后得到一颗决策树,用来对新的样本进行分类。

ID3 算法只对比较小的数据集有效且对噪声比较敏感,改进的算法包括 C4.5、C5.0、CART 等。

决策树分类器适用于特征向量包含多种类型的数据。对于弹道导弹目标识别问题,可以充分利用 RCS、弹道特征、微动特征等各种异构特征,分阶段进行识别。

6.3.3　模糊函数分类器

通常雷达目标特征存在不同程度的不确定性,因此模糊函数分类器获得了广泛应用。模糊函数分类器是在模糊集理论上发展起来的一种模式识别技术,隶属度的概念描述待识别目标属于特定类别(弹头)的可能程度。

利用模糊函数分类器进行分类的基本步骤如下:

首先,根据先验知识确定特征的选择及各个特征值的大致范围,并确定隶属度函数的基本形式。以基于 HRRP 特征的分类器为例,可以提取目标径向长度和散射中心数目等。假设关于真弹头的先验信息为:长度范围 1~3 m,散射点数目 3~7 个,可分别选用三角形函数和钟形函数作为隶属度函数,分类器隶属度函数如图 6-13 所示。

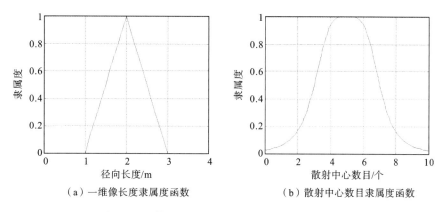

(a)一维像长度隶属度函数　　　　(b)散射中心数目隶属度函数

图 6-13　基于 HRRP 特征的分类器隶属度函数

然后,在分别获得待识别目标径向长度和散射中心数目的隶属度后,可以采用线性加权的方式获得待识别目标属于弹头的隶属度。

6.3.4　支持向量机

支持向量机(Support Vector Machine,SVM)是建立在统计学习理论基础上的机器学习方法,于 20 世纪 90 年代由 AT&T 贝尔实验室的瓦普尼克(V. Vapnik)提出,近年来在理论研究和算法实现方面都有了突破性进展。

SVM 已经成功应用于实际的雷达目标识别问题,能够较好地处理特征空间线性不可分的问题。SVM 可以将低维空间中的数据映射到高维空间中,使这些数据在高维空间中是线性可分的。从低维空间到高维空间的映射是由"核函数"来实现的,常用的核函数有径向基函数(RBF)核函数、线性核函数、多项式核函数等。

SVM 利用最大间隔原则,把求解分类问题转化为求解一个凸规划问题,从而借助于最优化计算方法解决问题[66]。其基本思想是在样本输入空间或特征空间构造出一个最优超平面,使得超平面到两类样本集之间的距离达到最大,从而取得最好的泛化能力。

对于二分类问题,最优超平面与支持向量示意图如图 6-14 所示,SVM 的目标就是通过训练寻找一个最优超平面,距最优超平面最近的点就是支持向量。

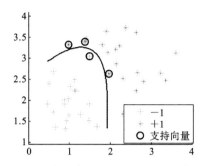

图 6-14　最优超平面与支持向量示意图

6.3.5　神经网络分类器

人工神经网络(Artificial Neural Network)是模仿生物神经网络的结构和运行方式构造出来的一大类数学模型或计算模型。各种人工神经网络的共同结构是由人工神经元组成的一个加权网络,计算开始时给部分或全部神经元一个输入;网络中的神经元全部或局部并行地计算;计算过程可以得到监督也可以没有监督。当整个网络的神经元的状态趋于稳定时,其输出就是计算结果[78]。

人工神经网络的要求有三个[78]:一是网络的拓扑结构,例如,是前馈型神经网络还是反馈型神经网络;二是不同神经元的选择;三是神经元间连接权重的确定,有些网络的连接权重是预先确定的,有些网络的连接权重是通过学习形成的。学习功能是人工神经网络这一计算模型最重要的特点。

人工神经网络可用于非线性系统的预测、复杂组合系统的近似,广泛应用于信号处理、图像处理、分类识别、机器人和智能系统的控制,以及复杂最优化问题的近似求解等领域。常用的前馈型神经网络主要有后向传播神经网络(BPNN)和径向基函数(RBF)神经网络,主要用于模式识别、函数近似、动力学建模、数据挖掘、时间序列预测等方面;反馈型神经网络主要用于求解优化问题。20 世纪 80 年代开始,Haykin 等人使用后向传播神经网络(BPNN)分类鸟、气象杂波[79]。

BPNN 有一个或多个具有 Sigmoid 神经元的隐含层,且有一个具有线性神经元的输出层,其典型结构如图 6-15 所示。对 BPNN,默认的性能函数是均方误差 E,即真实输出与期望输出之间误差的平方和,亦即

$$E = \sum_{j=1}^{M} (d_j - y_j)^2 \qquad (6\text{-}18)$$

式中,d_j 和 y_j 分别为输出层第 j 个神经元的期望输出和真实输出,M 为输出层神经元个数。BPNN 的实现方法是在性能函数的负梯度方向更新权值,为了加快训练过程,常用的改进算法有共轭梯度(CG)算法、准牛顿算法、变尺度共轭梯度(SCG)算法等。

近些年,深度神经网络在图像识别、语言识别等领域的分类问题上取得了突破性进展,有望应用于雷达目标识别问题。对于大规模及超大规模的识别问题能够给出很好的

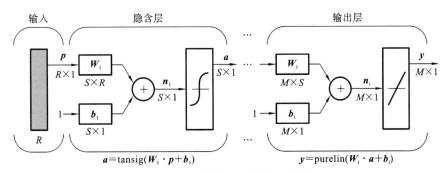

图 6-15 后向传播神经网络的典型结构

判别结果,但是该方法需要大量的训练数据,并且对计算设备硬件的要求很高。

6.4 关键事件判别技术

弹道导弹关键事件判别技术是利用目标 RCS、一维距离像、位置等测量信息,对目标分离、机动变轨、翻滚、调姿等关键事件进行判别[75]。关键事件通常意味着弹道导弹突防措施的采用,对于雷达来说,从每次关键事件中快速、准确地识别出弹头至关重要。

6.4.1 头体分离

在助推火箭助推结束后,会发生头体分离事件,同时,还会将弹体爆炸为许多小的碎片,增加目标跟踪和识别的负担。目标分离过程中,目标数量变多,利用雷达跟踪滤波得到的航迹、速度和加速度等信息,可判断头体分离事件的发生。雷达观测的头体分离事件示意图如图 6-16 所示。

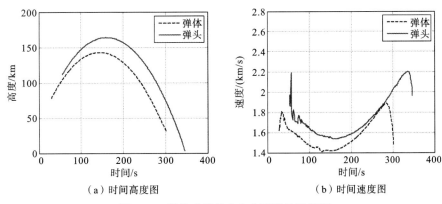

(a) 时间高度图   (b) 时间速度图

图 6-16 雷达观测的头体分离事件示意图

6.4.2　诱饵和子弹头释放

美国民兵Ⅲ导弹在飞行中段,会多次释放子弹头、箔条云团、轻重诱饵,并将子弹头或重诱饵置于箔条云团之中。

诱饵和子弹头释放时,由于弹头母舱质量的减小和释放时的反作用力,弹头母舱的动量矩和机械能会发生不守恒现象。还可以利用多普勒分析估计目标微动状态,但需要用较长的观测时间和在较高的速度下测量精度。

6.4.3　弹头调姿

弹头调姿一般发生在飞行中段的前期,通过喷射气体等方式改变弹头的姿态。由于弹头姿态变化缓慢,在一段时间内,RCS会出现先增大再减小的现象,在飞行过程中通常会有多次调姿过程,如抛洒突防装置、姿态控制等。

6.5　目标综合识别技术

为了提高弹头目标识别置信度和识别正确率,必须综合利用不同飞行阶段的识别结果、同一阶段的多特征识别结果。

雷达目标综合识别技术是指根据特征提取的结果和导弹关键事件判别结果,选择综合识别算法,最终给出待识别目标真假的判断。目标综合识别基本框架如图 6-17 所示[75],其中,时序融合和多特征融合的先后顺序可交换。

图 6-17 中,单一特征提取与识别采用威胁排序、信号特征库匹配、线性判别、统计判别等技术对目标的威胁等级或置信度做出判别,作为融合识别的输入信息;由于单次判断会受到测量噪声及目标姿态角的影响,时序融合可以参考历史判别结果,对时间序贯识别结果进行融合,保证识别结果的稳健性;多特征融合采用证据理论对各个单一特征识别结果进行决策级融合,给出最终的威胁度排序,提高识别的可靠性;通过目标综合识别结果的评估与反馈,有助于选择稳健有效的特征提取算法。

证据理论是 Dempster 于 1967 年首先提出,由他的学生 Shafer 于 1976 年进一步发展起来的一种不精确推理理论,也称为 D-S 证据理论,最早应用于专家系统中,具有处理不确定信息的能力。证据理论作为一种不确定性的推理方法,采用信任函数而不是概率作为度量,其主要特征是满足比贝叶斯概率论更弱的条件,具有直接表达"不确定"和"不

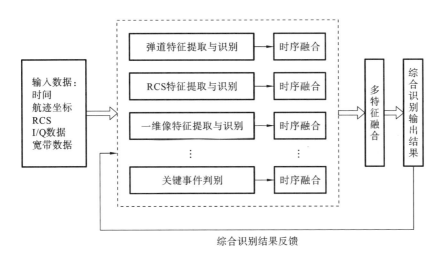

综合识别结果反馈

图 6-17　目标综合识别基本框架

知道"的能力,因此适用性更广,适合于人工智能、专家系统、模式识别和系统决策等领域的实际问题。证据理论的基本策略是针对各个命题的基本信任值,使用 D-S 组合规则将所有证据组合起来,以获得对命题的最终决策。

对于目标识别系统,证据对应于各种特征提取手段;各证据对命题的信任值对应于各种特征提取手段对各目标的支持度或隶属度;各证据对某一命题一致性越高,则组合后的隶属度越大,否则,就要慎重选择各证据的组合权系数,得到多特征组合后的隶属度。

6.6　雷达目标识别效果评估技术

识别评估技术是为了定量分析、描述和评价自动目标识别系统的识别效果。在研发、测试和使用等阶段,通过雷达目标识别评估,能够对雷达系统有更为深入的了解。在使用阶段,通过目标识别评估结果的反馈,辅助进行特征提取算法选择。

雷达目标识别效果评估是雷达目标识别系统识别效果的测试验证理论与技术,其内涵是通过定量测量识别系统的输入,统计识别系统的输出,利用一定的理论与技术给出评估结果及评估结论[76]。

在进行识别效果评估时,首先需要构建评估指标体系,建立评估模型;然后收集数据,计算指标数值,得出评估结论;最后分析敏感因素,提出改进建议。

由于目标识别问题涵盖了待识别目标及其环境、识别系统等因素,在评估时应准确描述识别条件和应用背景,如目标数量、干扰强度、信噪比、分辨率等因素,据此选择合适的识别效果评估指标。目标识别效果评估指标体系如图 6-18 所示,其各指标的含义如下:

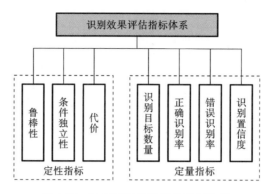

图 6-18　目标识别效果评估指标体系

鲁棒性反映了在训练条件和识别系统算法建模条件以外的测试条件下分类器的性能。

雷达目标识别系统的运行条件一般包括环境、雷达和目标三大类。在外界条件一定的变化范围内,条件独立性一般借助独立假设检验来衡量,它反映识别系统或算法在外界条件动态变化中识别率等指标所表现出来的变化特性。

代价指雷达目标识别系统设计和实现时必须考虑的外部条件,如系统复杂度、目标模板的存储代价、识别过程的处理时间、设备费用等。

识别目标数量是指同时上报的真弹头目标数量。

正确识别率是指在突防目标群中真弹头识别正确的数量占真弹头总数的百分比。

错误识别率是指将真目标识别为假目标,假目标识别为真目标的比率。

识别置信度是指目标识别的可信程度。下面从概率统计的角度解释置信度的概念。在概率统计中,区间估计指出未知参数处于某个区间的概率,主要是用于分析、评定统计量的精确程度和可信程度。若未知参数 θ 的估计值为 $\hat{\theta}$,则定义 $\hat{\theta}$ 相对于其真值偏差的绝对值不大于 ε(任意给定的 $\varepsilon > 0$)的概率为置信概率(或置信度),即

$$P\{|\hat{\theta}-\theta| \leqslant \varepsilon\}=1-\alpha \tag{6.19}$$

式中,$1-\alpha$ 为置信概率,$0<\alpha<1$,α 称为限制性检验水平;区间 $[\hat{\theta}-\varepsilon, \hat{\theta}+\varepsilon]$ 称为参数 θ 的置信度为 $1-\alpha$ 的置信区间,它给出了参数的区间估计。置信区间或估计误差 ε 反映了统计估值的精度,置信概率 $1-\alpha$ 反映了这种估计的可信程度。通常,置信度越高,对应的置信区间就会越大。

在获得了评估指标数值后,有时需要选择合适的评估模型集成不同评估指标进行综合评估,进而得到综合结果。在综合评估前,需要进行规范化(无量纲化)处理,它是指通过数学变换来消除原始指标量纲的影响的方法[80]。在多指标综合评价过程中,权重的确定很重要,它直接影响到综合评价的结果。将专家经验、创造性与计算机、模糊数学工具相结合,常用方法包括线性加权和法、逼近理想点(TOPSIS)法、层次分析法、模糊综合评判法、神经网络法和灰色评判法等。

模糊综合评判法是一种基于模糊数学的综合评估方法[81],能较好地解决各种非确定性的、模糊的、难以量化的评估问题。在综合评价中,指标一般分为定性指标和定量指标

两大类,采用模糊数学进行评估时,首先需要对这些指标进行隶属度确定,处理后评价指标均在区间[0,1]上,然后进行加权处理,评价指标和权重系数相乘后,评估结果也应该在区间[0,1]上,可以直接对受多种因素制约的事物和对象进行比较评估。关于效能评估流程、指标体系构建与指标选择、评估新理论和新方法等更深入的知识请参考文献[81]。

6.7 目标识别技术面临的挑战和技术展望

目前,国内外弹道导弹目标识别的理论研究取得了很多成果,实际应用还存在较大的困难。在弹道导弹突防场景下,目标探测面临弹头隐身、主瓣电子干扰、箔条干扰等复杂电磁环境,突防弹头周围可能同时存在诱饵、干扰机、碎片、箔条等大量假目标,构成弹道导弹群目标,弹头识别还面临诸多挑战,主要包括[11][12]:

（1）弹道导弹目标飞行速度快,使得地基多功能雷达的识别时间十分有限;

（2）弹头隐身能力越来越强,目标信噪比下降,导致观测不连续,位置、速度和 RCS 等参数的测量精度不高,识别距离大大缩短,影响 RCS 序列特征提取能力和识别性能;

（3）电子干扰会降低目标检测概率,使点迹时有时无,增加跟踪误差,或者产生大量虚假目标,消耗大量雷达资源,使弹头目标跟踪数据率下降,特征提取困难;

（4）集火突击场景下,目标数量远超雷达目标容量,导致跟踪和识别资源不足。多枚导弹迅速产生数百批目标,难以全部跟踪,必须把有限的雷达资源用于高威胁等级目标的可靠探测;

（5）在提取 RCS 序列周期特征、微动特征和 ISAR 成像时,需要较高的分辨率、数据率和较长的观测时间(几秒),这给雷达在时间资源调度方面带来了挑战,需要分析目标识别对雷达资源的需求、研究减小时间资源消耗的特征提取技术;

（6）对强敌弹道导弹的目标特性认识不够充分,而且弹道导弹系统突防措施快速发展,难以建立真实可信的弹道导弹目标群特性数据库,难以检验众多目标识别的算法。

在目标识别技术上,一些关键技术问题需要突破,主要包括[75]:

（1）针对不同探测场景下的目标识别需求,需要充分了解目标特性,针对不同目标的特点,提高特征提取的稳健性、有效性,比如在远距离、低信噪比、低数据率情况下进行特征提取;

（2）在复杂电磁环境下,为了解决目标特征的精确、稳定关联问题,需要将检测、跟踪、识别和资源管理等问题进行联合处理,以合理有效利用雷达资源,提高复杂电磁环境下的综合探测能力。联合处理涉及雷达资源的合理有效利用和复杂电磁环境下目标精准探测两个基础问题。针对复杂探测场景下雷达资源智能优化配置问题,需要研究综合目标状态、识别结果、雷达资源利用效率评估对雷达资源进行反馈控制的方法,优化搜索、跟踪和识别工作方式和资源利用,实现群目标连续稳定检测跟踪,保证重点目标识别资源的需求[75]。针对隐身、电子干扰、诱饵、集火突击等复杂电磁环境,雷达需要基于对目标、环境和雷达自身状态的感知,进行目标精准探测的闭环处理,自适应选择目标探测所适合的波形和检测、跟踪和识别算法,研究检测-跟踪-识别一体化技术。

（3）需要借鉴模式识别、机器学习、人工智能领域的最新进展,利用机器学习、深度学习等理论,从外界输入的大量数据中进行学习,提升目标识别的准确性和识别效率。

6.8 小 结

地基多功能相控阵雷达的目标识别分系统主要实现目标特征提取、基于单一特征的目标分类、基于多特征的真假弹头综合识别等功能。在弹道导弹飞行中段,目标识别的对象包括真弹头、轻重诱饵、包络球、碎片和母舱等。

目标识别涉及多种特征提取技术,如弹道特征、RCS 特征、微动特征、一维高分辨距离像特征、二维 ISAR 图像特征、极化特征和再入特征等,各种特征提取技术在区分真假目标方面均有其独到的优势和不足,在导弹飞行的不同阶段,针对不同目标需要使用相适应的特征。对于不同的特征提取技术,雷达发射不同形式（如不同的带宽、重复频率、积累时间）的波形,所以必须进行有效的目标识别资源管理。当前,复杂电磁环境下弹头目标识别技术仍是反导预警雷达面临的难题之一。

思 考 题

6-1 通常情况下,待识别目标群由哪几类目标组成？各自的特点是什么？

6-2 可用于弹道导弹雷达目标识别的特征有哪几类？简要分析这些特征的优缺点。

6-3 简述目标综合识别的基本框架。

6-4 识别评估在整个目标识别系统中起什么作用？

6-5 目标识别技术面临的挑战有哪些？

6-6 用电磁仿真软件和 Matlab 软件进行仿真实验,绘制弹道导弹目标的一维高分辨距离像。

附录A 美国战略预警体系发展概况

战略预警是综合利用侦察、监视、探测和通信等手段,对来自陆海空天和电磁、网络空间的威胁特别是来自空天的战略袭击武器和威胁目标,进行早期发现、跟踪、识别和预报。战略预警体系是由多个系统组成的一个有机整体,包括防空预警系统、反导预警系统、空间目标监视系统、信息传输与处理系统、指挥与控制系统等。

第二次世界大战后,美国所面临的战略威胁不断变化,数十年来在不断推动美国战略预警体系的发展。为应对远程战略轰炸机、洲际弹道导弹与空间武器的威胁,美国先后建立了防空预警系统、反导预警系统和空间目标监视系统[4],它们可兼用,这里重点介绍反导预警系统。

20世纪50年代,美国建立三条防空雷达预警线。随着冷战的加剧、苏联核武器与远程轰炸机的发展,美国先后在美加边境、加拿大中部和加拿大北极地区部署了三条防空雷达预警线,以提供对苏联远程轰炸机经北极航线对北美大陆打击的预警。

美国从1985年开始研制新一代北美防空预警系统,经过多年的发展,建立了由地基预警雷达和预警机为主体,以浮空器为补充的防空预警系统,形成由地面到临近空间立体化的"两线、三边"防空预警网,对威胁北美领空的战略轰炸机、巡航导弹、战斗机等空中目标实施预警探测。"两线"指沿北美大陆北纬70°和49°部署的防空情报雷达形成的两条监视北方的预警线,"三边"指预警机巡逻在美国本土东、西海岸的两个边,气球载雷达部署在南海岸。

20世纪60年代美国建设早期的陆基反导预警体系。1957年苏联成功发射了世界上第一枚洲际弹道导弹,为了应对苏联洲际弹道导弹带来的新威胁,美国在20世纪60年代开始部署"弹道导弹预警系统",初步建立起对苏联洲际弹道导弹的预警侦察体系,为"接警即发射"的核威慑战略提供了重要的预警手段。"弹道导弹预警系统"的三个雷达预警站分别位于丹麦格陵兰岛的图勒空军基地、阿拉斯加州的克里尔空军基地、英国约克郡菲林代尔斯,共12部远程预警雷达,分别为AN/FPS-49超远程跟踪雷达、AN/FPS-50超远程搜索雷达、AN/FPS-92超远程跟踪雷达,AN/FPS-92是AN/FPS-49的改进型,作用距离大于3200 km。1962年古巴导弹危机后,美国开始建设面向东南部海域的"南方预警系统",1969年1月在佛罗里达州西北部埃格林空军基地建设了大型相控阵雷达AN/FPS-85,用来探测和跟踪从北美大陆南部向美国发射的弹道导弹。1964年苏联成功在水下发射潜射弹道导弹,美国开始建设早期的"潜射弹道导弹预警系统",包括大西洋、太平洋与墨西哥湾的8个雷达站,并将"赛其"系统的防空雷达AN/FPS-26升级改造为AN/FSS-7,作用距离为1600 km,20世纪80年代,仅保留一个雷达站,提供对古巴的覆盖预警。

20世纪70至80年代美国形成天地联合的反导预警体系。20世纪60年代末和70年代初期，苏联R-360轨道打击武器和洲际潜射弹道导弹突破了美国60年代建设的陆基"弹道导弹预警系统"的预警能力。20世纪70至80年代，美国发射了具有实战能力的"国防支援计划"（DSP）天基红外预警卫星，在东西海岸部署了"铺路爪"大型相控阵雷达，提供对太平洋和大西洋潜射弹道导弹的双重覆盖，在阿留申群岛的谢米亚空军基地建设了"丹麦眼镜蛇"AN/FPS-108相控阵雷达，能够覆盖美国周边各方向，组成了天地联合的导弹预警体系。1983年，美国总统里根发表"战略防御计划"（SDI）电视讲话，即"星球大战计划"，计划建立多层防御网，拦截苏联来袭的洲际弹道导弹，使苏联面临巨大的战略压力，不得不斥巨资发展其天基预警系统和导弹防御体系。

冷战结束后，克林顿政府正式宣布结束"星球大战计划"，将其更名为"弹道导弹防御计划"。在导弹预警体系方面，更加先进的天基红外系统（Space-based Infrared System，SBIRS）取代了"国防支援计划"，并升级更新弹道导弹预警雷达。目前，共有15颗天基红外预警卫星，包括5颗DSP预警卫星，分别发射于1997年、2000年、2001年、2004年、2007年；3颗天基红外系统大椭圆轨道卫星（HEO），分别发射于2006年、2008年、2014年；4颗"天基红外系统"地球同步轨道轨道卫星（GEO），分别发射于2011年、2013年、2017年、2018年，用于探测处于助推段的弹道导弹；2009年发射了3颗空间跟踪与监视系统（Space Tracking and Surveillance System，STSS）实验卫星，可用于弹道导弹的全程预警。20世纪90年代至2009年，对5部"铺路爪"雷达进行了升级改造，美国于2002年开始研制海基X波段雷达，2006年3月投入使用，用于远程精密跟踪、目标分辨与识别任务，可以移动至指定地点进行导弹防御试验。目前，美国拥有12部可前置部署的X波段雷达AN/TPY-2，通过前置部署用于执行弹道导弹预警任务，具有独立搜索、捕获、跟踪和识别中远程弹道导弹的能力。美国近年来不断推进天基预警系统的升级和完善，进一步推进星座布局，并推动SBIRS后继计划，加速开展对抗环境下的新型导弹预警卫星系统。

2019年1月17日，美国国防部发布《导弹防御评估报告》，是继2010年首次发布《弹道导弹防御评估报告》以来对美军导弹防御体系建设的最新指导性文件，报告名称减少了"弹道"两个字，折射出美军对反导、反临、反巡一体化能力建设的思路。报告介绍了美国弹道导弹防御的组成，指挥控制、作战管理和通信系统（C2BMC，2004年10月投入使用）是美国弹道导弹防御的核心，C2BMC系统将本土防御系统、多种区域防御系统、各类传感器等连接在一起，组成一个一体化的分层导弹防御系统，使其具有强大的作战能力和鲁棒性。美国导弹防御体系包括本土防御系统和多种区域防御系统。美军本土防御系统用于保护美国本土免遭洲际导弹、中远程弹道导弹攻击，基于陆基中段防御（Ground-based Midcourse Defense，GMD）系统和宙斯盾系统，美军已具备有限的洲际弹道导弹防御能力。美军已部署了多种区域防御系统，包括舰载/岸基宙斯盾系统、"萨德"（THAAD）系统、"爱国者"PAC-3系统等，负责保护海上舰队、海外军事基地、军事盟国等，拦截对象为近程导弹、中远程导弹。

目前，美国建设了完善的陆海空天、多层次、多阶段弹道导弹防御系统，其中末段预警探测、拦截技术成熟,已具备较强实战能力;中段预警探测技术正在不断完善,研制了远程识别雷达(Long Range Discrimination Radar,LRDR),提升中段的目标识别能力;计划开展助推段的空基预警和拦截装备的研制部署。美国依托预警卫星、地基远程相控阵雷达和海基预警雷达,形成多维反导预警探测网络,可实现全球面积90%以上(包括北极地区)的弹道导弹发射告警,正在向多系统协同、全过程跟踪、反导反临一体化等方向发展。反导预警系统是对弹道导弹进行预警监视、截获跟踪、识别引导的传感器系统的统称,是导弹防御系统的重要组成。反导预警系统的主要功能[3]如下。

(1)早期发现。

根据目标的红外特性或雷达散射特性,通过合理运用红外预警卫星、远程预警雷达等多种手段,及时获取导弹目标信息。

(2)连续跟踪。

截获目标后,运用天空、地、海多个反导预警装备进行协同探测,实现对弹道导弹目标飞行全过程的连续跟踪监视。

(3)目标识别。

通过对目标红外特性、运动特性、雷达散射特性等进行综合分析,对目标真假、数量、威胁进行识别判断。

(4)弹道预报。

依据连续跟踪所获取的目标运动状态,计算弹道导弹飞行轨迹,预测弹道导弹发射点或落点位置,计算弹道导弹落地的预警时间。充分考虑目标机动、测量误差、地球摄动、大气摄动等因素,不断修正轨道参数,提高预报精度。

(5)保障拦截引导。

在拦截作战行动中,反导预警系统为指挥控制系统和拦截武器系统提供实时、准确的预警情报,为拦截武器提供引导信息。

(6)拦截效果评估。

实时对拦截效果进行判断,通过精测来袭导弹目标和拦截弹的相对位置,在预计的碰撞点上判断目标运动轨迹是否发生变化、目标是否爆炸产生碎片云等,确定拦截效果,生成评估结论,为指挥决策提供情报信息。

冷战结束后,美国建立了由专用空间监视装备和兼用空间监视装备为主体的世界上最完备的空间监视网建设空间监视系统,对空间目标进行不间断地观察和测定,主要由陆基的"空间监视网"、天基的"天基空间监视系统",以及位于加利福尼亚范登堡空军基地的"联合空间作战中心任务系统"组成。20世纪70年代后,苏联和美国相继开始反卫星武器试验,2007年1月,中国用导弹击毁了本国一颗废弃的气象卫星。为了保护意义重大、价值不菲的太空资产,如侦察卫星、预警卫星、导航卫星与通信卫星等,美国积极建设空间监视体系,对外太空目标进行探测、跟踪、识别、编目和预报。经过60多年的发展,美国陆基"空间监视网"有相控阵雷达14部、机械跟踪雷达10部、电磁篱笆干涉仪1部、无源雷达4部、光学望远镜15部。冷战结束后,美国开始建立"天基空间监视系统",加强对空间非合作目标的监视,大大增强了空间监视能力和空间态势感知能力。

附录B 美国反导预警体系建设大事年表

1945 年 7 月 16 日	美国在新墨西哥州成功试爆人类历史上第一颗原子弹
1947 年 10 月	苏联成功试射了弹道导弹,即射程 250~270 km 的 SS-1 导弹
1949 年 8 月 29 日	苏联成功试爆原子弹
1957 年 8 月 21 日	苏联成功发射了世界上第一枚洲际弹道导弹,即 SS-6 导弹
1958 年	美国开始兴建"弹道导弹预警系统"(BMEWS),格陵兰岛图勒站开工建设
1964 年	苏联水下发射的潜射弹道导弹正式列装
1969 年 1 月	佛罗里达州埃格林空军基地大型相控阵雷达 AN/FPS-85 投入使用
1970 年 11 月 6 日	"国防支援计划"(DSP)第一颗卫星发射
1972 年 10 月 3 日	美苏在莫斯科签署的《美苏关于限制反弹道导弹系统条约》和《美苏关于限制进攻性战略武器的某些措施的临时约定》,即《反导条约》正式生效
1976 年	马萨诸塞州科德角空军基地开始 AN/FPS-115"铺路爪"相控阵雷达建设
1977 年	"丹麦眼镜蛇"相控阵雷达投入使用
1980 年 4 月	第一部"铺路爪"相控阵雷达 AN/FPS-115 在马萨诸塞州科德角空军基地具备作战能力
1980 年 8 月	第二部"铺路爪"相控阵雷达在加利福尼亚州比尔空军基地具备作战能力
1983 年 3 月 23 日	里根发表"战略防御计划"(SDI)电视讲话,开始"星球大战计划"
1986 年—1992 年	罗宾斯空军基地、埃尔多拉多空军基地、格陵兰岛图勒空军基地、英国菲林代尔斯站等"铺路爪"相控阵雷达具备作战能力
1993 年	克林顿政府正式宣布结束星球大战计划,更名为弹道导弹防御计划
1998 年	埃尔多拉多空军基地退役的"铺路爪"相控阵雷达被搬到阿拉斯加州克里尔空军基地
1999 年 3 月	美国通过"弹道导弹防御计划",正式将弹道导弹防御列为美国国策

2001 年 12 月 31 日	美国总统布什正式宣布退出美苏 1972 年签署的《反导条约》
2002 年	导弹防御局将"天基红外系统"低轨部分(SBIRS-Low)改名为"空间跟踪与监视系统"(STSS)
2004 年 10 月	指挥控制、作战管理和通信(C2BMC)系统开始投入使用
2006 年 3 月	美国海基 X 波段雷达投入使用
2006 年 6 月	美国在日本青森县车力基地部署第一部机动型前沿部署 X 波段雷达
2006 年 6 月 27 日	"天基红外系统——高轨 1 号"(SBIRS HEO-1)卫星发射
2006 年 11 月 9 日	"国防支援计划"(DSP)最后一颗——第 23 颗卫星发射
2007 年 1 月	中国用导弹击毁了本国一颗废弃的气象卫星
2009 年 2 月	俄罗斯一颗停止工作的通信卫星与美国还在运行的铱星商业通信卫星发生碰撞,产生大量空间碎片,美国开始提高空间态势感知能力
2009 年 5 月 5 日	"空间跟踪与监视系统先进技术风险降低"(STSS ATRR)试验卫星发射升空
2010 年	美国国防部首次发布《弹道导弹防御评估报告》
2011 年 5 月 7 日	"天基红外系统——地球同步轨道 1 号"(SBIRS GEO-1)卫星发射
2012 年 1 月 10 日	美国新一代导弹测量船"洛伦岑"号正式服役
2014 年 12 月	美国在日本中部经之岬部署第二部机动型前沿部署 X 波段雷达
2017 年	美国首次开展陆基中段防御(GMD)系统拦截洲际弹道导弹靶标的试验,并取得成功
2017 年 4 月	美国萨德反导系统发射车、X 波段雷达开始在韩国投入运行
2019 年 1 月 17 日	美国国防部发布《导弹防御评估报告》
2019 年 6 月 11 日	美国发布《联合核作战条令》,积极规划下一代战略威慑武器的发展,计划全面提升以民兵Ⅲ为代表的战略导弹武器的作战威慑能力
2019 年 8 月 2 日	美国退出《中导条约》,国防部宣布发展陆基中程导弹
2019 年 12 月	美国进行中程导弹试射
2021 年	美国双波段防空反导雷达(AMDR)装备于 DDG -51"阿利·伯克"级驱逐舰
2021 年 6 月	美国 S 波段远程识别雷达(LRDR)形成战斗力

附录C 信息几何在信号与信息处理领域的应用

对于信号处理和信息处理领域中涉及的非欧空间、非线性处理、随机性等问题,信息几何能提供更加符合实际的模型框架,可以为高维非线性数据表示、杂波特性分析、检测背景分类、电磁空间感知等应用提供新的思路和解决途径,具有较大发展潜力。

信息几何是在黎曼流形上采用微分几何方法研究信息领域和统计学问题的一门学科,其主要思想是把参数化的概率分布族构建为统计流形,并采用 Fisher 信息矩阵作为流形上的黎曼度量,以此为基础得到统计流形上的联络、曲率、测地线距离等概念,建立几何性质与信息之间的联系,用几何方法解决涉及的非线性问题[42]。

对于一个随机向量 $\bm{x} = (x_1, x_2, \cdots, x_m)^{\mathrm{T}}$,设其服从的联合概率密度函数为 $p(\bm{x}|\bm{\theta})$,其中参数 $\bm{\theta} = (\theta_1, \theta_2, \cdots, \theta_n)^{\mathrm{T}} \in \Theta$ 为 n 维向量空间中的开集。对应于流形的定义,参数化的概率分布族

$$S = \{ p(\bm{x}|\bm{\theta}) | \bm{\theta} \in \Theta \} \tag{C.1}$$

可以构成一个流形,即对于确定的参数 $\bm{\theta}$,有一个对应的 $p(\bm{x}|\bm{\theta})$ 作为流形上的一个点,通过改变参数 $\bm{\theta}$ 的值,所有的点形成一个 n 维的流形,称之为统计流形,记为 S,参数 $\bm{\theta}$ 或其函数可作为流形 S 的坐标。由于概率密度函数的形式决定了流形中每一个点与其周围邻近点之间的关系,而这种关系决定了其所构成的空间的结构。因此,统计流形的几何结构,反映了概率密度函数族内在的本质属性。统计流形示意图如附图 C.1 所示,图中概率密度函数 $p(\bm{x}|\bm{\theta}(1))$、$p(\bm{x}|\bm{\theta}(2))$ 和 $p(\bm{x}|\bm{\theta}(3))$ 可作为统计流形 S 上的三个点,$\theta(1)$、$\theta(2)$ 和 $\theta(3)$ 为参数 θ 的 3 个具体值,可作为 S 上的三个坐标值。

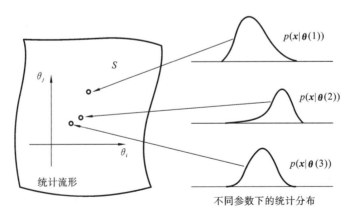

附图 C.1 统计流形示意图

设观测信号向量服从零均值复多元高斯分布,即

$$p(\boldsymbol{x}|\boldsymbol{R}) = \frac{1}{\pi^n |\boldsymbol{R}|} e^{-\boldsymbol{x}^H \boldsymbol{R}^{-1} \boldsymbol{x}} \tag{C.2}$$

其中,参数 $\boldsymbol{R}$ 为 n 阶协方差矩阵。零均值多元复高斯分布族可以构成一个统计流形

$$S = \{p(\boldsymbol{x}|\boldsymbol{R})|\boldsymbol{R} \in \Theta\} \tag{C.3}$$

式中,$\Theta \subset \mathbf{C}^{n \times n}$ 为 n 阶共轭对称正定矩阵空间。$\boldsymbol{R}$ 为统计流形 S 的坐标,那么 S 又称为矩阵流形。

下面给出常用的两种样本协方差矩阵的定义,根据采样方法、维数和样本数大小、时间和空间相关性等实际因素,这两种样本协方差矩阵适用于不同的应用场合。

一是观测矩阵的协方差矩阵。给定一个 $p \times n$ 的观测矩阵,记为

$$\boldsymbol{X}_n = (x_{ij})_{p \times n}, \quad i=1,2,\cdots,p; \; j=1,2,\cdots,n \tag{C.4}$$

矩阵的各列可以看作是来自维数为 p 的总体的 n 个样本,其中,$\boldsymbol{x}_j = (x_{1j}, x_{2j}, \cdots, x_{pj})'$ 是 $\boldsymbol{X}_n$ 的第 j 列,则样本协方差矩阵为

$$\boldsymbol{R}_n = \frac{1}{n-1} \sum_{j=1}^{n} (\boldsymbol{x}_j - \bar{\boldsymbol{x}})(\boldsymbol{x}_j - \bar{\boldsymbol{x}})^H \tag{C.5}$$

式中,$\bar{\boldsymbol{x}} = \boldsymbol{n}^{-1} \sum_{j=1}^{n} \boldsymbol{x}_j$,H 代表复向量的共轭转置。

二是复采样序列的协方差矩阵。在相关处理间隔 CPI 内,可获得复采样序列 x_0,$x_1,\cdots,x_{p-1}$,假设这些复数据是平稳的零均值时间序列,可得回波自相关函数估计值为

$$r_k = \frac{1}{p} \sum_{i=0}^{p-|k|-1} x_{i+k} x_i^*, \quad -(p-1) \leqslant k \leqslant p-1 \tag{C.6}$$

采样协方差矩阵是 Toeplitz Hermitian 正定矩阵,表达式为

$$\boldsymbol{R}_p = \begin{bmatrix} r_0 & r_1^* & \cdots & r_{p-1}^* \\ r_1 & r_0 & \ddots & \vdots \\ \vdots & \vdots & \ddots & r_1^* \\ r_{p-1} & \cdots & r_1 & r_0 \end{bmatrix} \tag{C.7}$$

式中,* 表示共轭。

由于较多的实际问题可以在矩阵流形上进行研究,如雷达信号处理[43]、矩阵方程求解、医学图像处理[44]、流形学习、系统的稳定性与最优化等问题,将信息几何应用于矩阵流形上促进了矩阵信息几何的诞生。孙华飞等人将矩阵信息几何应用于求解矩阵方程问题,大多数矩阵方程难以得到解析解,通过将问题转化为矩阵流形上的优化问题,可以用自然梯度给出求解方案[42]。在雷达信号处理、目标检测和数据处理领域,法国 Thales Air Systems 研究员 Barbaresco 等人利用信息几何方法研究了近海小目标检测、飞机尾流的检测和成像、极化数据处理、STAP 处理等问题[45],改善了雷达检测性能,基于矩阵信息几何的雷达目标检测方法已应用在法国 THALES 公司的雷达中。在基于矩阵流形建立的矩阵 CFAR 检测框架中,直接利用观测样本序列的协方差矩阵进行目标检测,通过将雷达回波协方差矩阵看作矩阵流形上的点,可将范数空间中的检测估计问题转化为矩阵流形上矩阵之间的度量、距离、中值、均值等几何关系问题,在矩阵流形上度量、处理

和检测回波信息。一种单元平均矩阵 CFAR 检测器框图如附图 C.2 所示,滑窗中参考单元的长度为 N,滑窗中的阴影部分为保护单元,R_D 为检测单元的协方差矩阵,$\bar{R}$ 是参考单元中的 N 个协方差矩阵的黎曼均值,T 是根据虚警概率计算得到的检测门限。国防科技大学在信息几何框架下研究了雷达系统的信息分辨、信号检测、参数估计、目标跟踪等基础性和科学性问题,为雷达信号处理提供了一套全新的分析方法[43]。随着矩阵流形理论的不断完善,特别是对流形结构的充分利用,其应用范围将得到进一步扩展,在信号处理和目标检测中的性能不断提升。

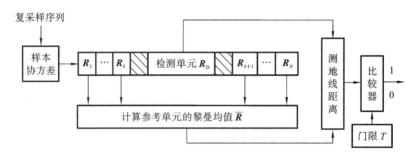

附图 C.2 一种单元平均矩阵 CFAR 检测器框图

针对目标和环境特征分离困难的问题,特别是非线性、非高斯、非均匀背景下,可利用信息几何对目标和环境信号进行流形表征和非线性几何特征提取,有助于揭示目标和环境信号的内蕴特性,找到目标与干扰环境的可分离域特征,提高雷达对目标与复杂电磁环境的认知能力、区分能力。基于信息几何的电磁空间信号作用机理表征技术路线图如附图 C.3 所示。实际中,可以获得较大区域范围上的目标和环境数据,根据目标和环境数据及其统计特性建立统计流形,将观测数据映射到流形上,实现电磁空间信号的内蕴特征可视化呈现,并提取非线性几何特征增强目标和环境的区分性,可以提取的几何特征包括:联络与曲率、距离度量、可视化描述(等高线)、特征聚类等。

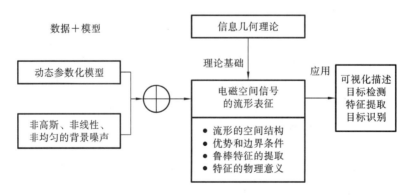

附图 C.3 基于信息几何的电磁空间信号作用机理表征技术路线图

与传统信号表征方法相比,利用统计流形描述目标和环境电磁信号特性,其优点有:① 保留更多的目标和环境信息,直接利用目标环境数据构建统计流形,避免了传统方法,如时频分析,引起的信息损失;② 协方差矩阵所构成的空间在数学上为负曲率空间,适合用信息几何方法研究矩阵流形的几何结构,有利于更准确度量目标、噪声或杂波协方差矩阵间的差别;③ 适合对较大区域上环境信号进行描述和几何特征提取。流形上的信号表征与分类示意图如附图 C.4 所示,其中问号处的点属于测地线距离较近的类别。

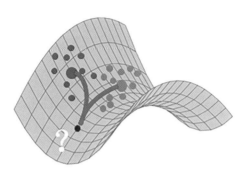

附图 C.4　流形上的信号表征与分类示意图

利用 IPIX 雷达实测数据,目标与杂波在测地线距离维度上的区分如附图 C.5 所示,信息几何方法能够准确估计背景杂波协方差矩阵,在测地线距离维度上可以较好地区分目标和杂波,改善检测性能。

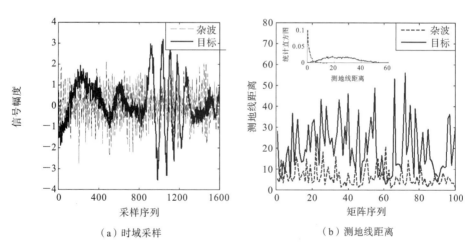

附图 C.5　目标与杂波在测地线距离维度上的区分

当前制约信息几何方法应用的难点包括信息几何特征与统计特征(甚至物理属性)的对应关系分析、高维协方差矩阵的处理、非高斯统计流形几何结构的数学计算等问题。

附录D 电子战发展现状

现代信息化战争条件下,电磁频谱域成为夺取制信息权、横跨多个作战域、贯穿战争始终的作战空间,电子战作为掌控电磁频谱的重要手段已经成为现代战争的核心能力,决定战争的进程和胜负。电子战在 20 世纪的海湾战争、科索沃战争等战争中展现了巨大威力和决定性作用。近几年,在全球局部冲突中,如叙利亚冲突、美伊对抗、印巴空袭、俄乌冲突等,电子战得到了广泛应用,各种电子战新装备不断涌现,在战前和战中持续实施电子侦察、电子干扰和防空压制,为主宰战局态势发展、最终达成作战目标发挥了决定性作用[2]。

在电子战理论方面,2019 年 7 月美国国防部发布《JP3-85:联合电磁频谱作战》,推动电子战独立成域,明确电磁频谱作战的定义是"用于利用、攻击、保护和管理电磁频谱环境所采取的军事行动",包含电子战和电磁频谱管理,并指出夺取电磁频谱优势是夺取作战胜利的先决条件。2019 年 7 月 30 日,美国空军发布了《空军条令附录 3-51:电磁战和电磁频谱行动》,取代了之前的《空军条令附录 3-51:电子战》,新的条令中将"电子"修改为更为准确的"电磁",并指出电磁战是指军队通过使用辐射和定向电磁能,通过保护频谱相关的系统、网络和行动来获得和保持对电磁态势的掌握。2020 年 10 月,发布《电磁频谱优势战略》,制定了电磁频谱路线图,筹划成立了新的电磁频谱战斗司令部。

在电子战装备方面,近年来各军事强国持续改进传统电子战装备,发展新型装备。美军下一代干扰机、水面电子战改进、小型空射诱饵(MALD-J)等项目稳步推进[2]。下一代干扰机已命名为 ALQ-249 干扰吊舱,由低波段、中波段和高波段三型吊舱组成。目前,中波段吊舱研制完成,可挂载在 EA-18G 飞机外挂点,每个吊舱前后端各装两个相控阵宽带阵列,干扰峰值功率可达 1 MW 以上,可担负远距离支援、近距离支援、随队穿透等任务。

多个国家为提升远程干扰能力而提出发展防区外干扰飞机、反辐射武器。电子战飞机主要用于压制敌方雷达、情报和指挥通信系统。美国海军 EA-18G"咆哮者"专用电子战飞机是在 F/A-18F 双座舰载机基础上发展起来的电子战飞机,由波音公司研制和生产,目前美国海军已采购 160 架,用于替换 EA-6B,为航空母舰提供探测、识别和压制等电子战支援。EA-18G 电子战飞机任务系统如附图 D.1 所示。EA-18G 有 11 个外挂点,除了干扰吊舱外还能携带空空导弹。EA-18G 电子战飞机任务载荷包括 ALQ-218 接收机吊舱、长基线干涉仪、ALQ-227 通信对抗装置、机载雷达、ALQ-99 干扰机吊舱、电子攻击单元、Link16 数据链、多任务先进战术终端、干扰对消系统等。ALQ-218 接收机吊舱集成在机翼翼尖,如附图 D.2 所示,每个翼尖吊舱的尺寸为 3.1 m×0.3 m,内有 28 个天线单元,可进行无源测距解算,并利用机上一体化的短、中、长基线干涉仪进行测向和定位。ALQ-218 接收机还与机上其他任务系统/设备进行集成,可为有源干扰机和机上雷达等提供指示,并可与干扰吊舱等辐射源自动分时工作。ALQ-227 通信对抗装置利用到达频差、到达时差等技术实现实时低频段地理空间定位。ALQ-99 可挂载在机翼内侧、中间和机身挂点,干扰范围 64 MHz~18 GHz,有效辐射功率可达 100 kW。干扰对消系统可以判断所需要的通信,同时屏蔽掉电子干扰,用于保障执行干扰任务时能够对外通信。

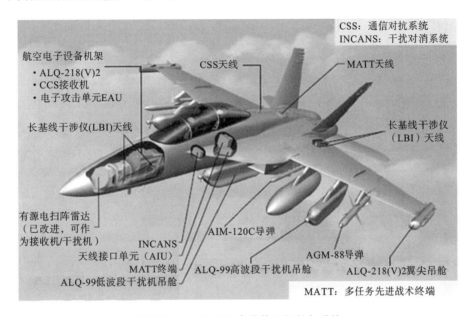

附图 D.1 EA-18G 电子战飞机任务系统

附图 D.2 EA-18G 翼尖的 AN/ALQ-218 接收机吊舱

小型空射诱饵(MALD)是一种先进的、模块化、空中发射、低成本的空中飞行器,它可被携带多枚,如附图 D.3 所示,通过有效模拟各种飞机的雷达回波信号特征和飞行剖面,从而欺骗雷达甚至使得雷达达到饱和。

附图 D.3　飞机外挂小型空射诱饵

反辐射是当前电子战领域的主要硬杀伤手段,反辐射武器分为反辐射导弹和反辐射无人机两大类。AGM-88G 增程型先进反辐射导弹是美军专门为应对"反介入/区域拒止"作战场景而研发的最新型反辐射武器。以色列推出"小型哈比"反辐射无人机,配备有反辐射导引头和光电探测系统,能够对处于关机状态的雷达实施打击。

在电子战技术方面,电子战技术包括电子对抗、电子防御、电子支援等前沿技术,呈现出网络化、智能化、数字化、分布式协同化等特点。美国防部高级研究计划局(DAPPA)和空军研究实验室持续开展"低-零功率"、认知电子战、电磁虚拟技术、分布式协同及电子战战斗管理技术、高能激光、高功率微波等技术研究,为后续发展打好基础。美国试验中的高功率微波武器如附图 D.4 所示。

随着人工智能的发展,世界各国纷纷尝试将人工智能技术融入电子战领域。传统电子战主要基于先验的威胁目标特征库来识别威胁,进而采取预先编程的对抗措施来对抗威胁,难以在复杂的电磁环境中有效对抗新型雷达和通信威胁。认知电子战系统采用了人工智能和深度学习等技术,有望解决传统电子战系统的诸多不足,包括无法处理海量数据、无法有效应对未知威胁。在作战过程中,将面临大量未知、不确定的威胁,认知电子战可从算法、数据和计算力等三方面推进人工智能技术应用,以自动分选识别出新目标、新波形、新模式,快速给出有效的干扰样式,进行闭环在线评估,释放近实时的有效干扰,以适应战场的快速变化。

智能化的认知电子战技术是当前电子战领域最受关注的技术方向,将对未来电子

附图 D.4　美国试验中的高功率微波武器

战的作战方式产生深远影响。美军从 2010 年开始提出认知电子战的概念,并陆续开展了"认知干扰机""行为学习自适应电子战""自适应雷达对抗"等研发项目,旨在重塑电子战系统的工作模式,发展具有认知能力的自适应电子战技术。从 2018 年开始,认知电子战技术首次进入实装应用,逐步集成到 F-35"联合攻击战斗机"、EA-18G 等作战平台上,开展新技术实验的 EA-18G 如附图 D.5 所示。美国陆军在 2019 年开始将认知电子战技术集成到装备上,并开展试验验证工作。为应对当前迫切的军事需求,美国陆军快速能力与关键技术办公室选取 2018 年陆军信号分类挑战赛上的优秀方案,在其基础上开发出一套信号分选智能算法,将算法植入"战术电子战系统"(TEWS)中,帮助系统更快、更准确地对复杂战场电磁环境中的信号进行分选,增强电子战支援能力。因此,美国陆军部署的"电子战规划管理工具"将具备更加强大和完善的认知电子战能力。

附图 D.5　开展新技术实验的 EA-18G

综上所述,电子战呈现出了蓬勃的发展态势,涌现出大量新概念、新装备、新技术和新战法。在当今新军事革命浪潮下,战争形态加速向信息化战争演变,信息主导、体系支撑、精兵作战、联合制胜成为鲜明特征[2]。电子战作为推进军事力量转型、生产新质战斗力的突破口和发力点,对战略全局和战争规则将产生深远的影响。

A_r	接收天线面积
B	信号带宽
B_j	干扰带宽
c	光速
D	脉压比
f_0	雷达工作频率
f_d	多普勒频率
F_n	接收机噪声系数
G_J	干扰天线增益
G_r	接收天线增益
G_t	发射天线增益
H_1	二元假设之有目标
H_0	二元假设之无目标
L_r	接收天线及馈线损耗
L_s	雷达系统(包括发射天线馈线)损耗
n_t	跟踪目标数目
N_0	单位带宽的噪声能量
N_s	搜索波束驻留脉冲数
N_{si}	目标穿屏时间内雷达累计搜索照射次数
N_t	跟踪波束驻留脉冲数
P_d	检测概率
P_f	虚警概率
P_J	干扰发射功率
P_t	雷达发射机峰值功率
R	目标与雷达之间的距离
$\boldsymbol{R}$	目标跟踪误差协方差矩阵
R_{max}	最大探测距离
$\boldsymbol{s}_n$	目标状态向量
$S(\omega)$	频谱
$S_{i,min}$	接收机灵敏度

t	电磁波往返于雷达与目标间的时间
T_r	脉冲重复周期
T_s	搜索时间
T_{si}	搜索间隔时间
T_{tt}	总跟踪时间
v_0	目标径向速度
$x(n)$	目标回波信号
$y(t)$	目标加噪声回波信号
β	弹道系数
δ	雷达分辨率
λ	工作波长
σ	目标 RCS
φ	目标方位角
φ_r	方位观察范围
θ	目标俯仰角
θ_r	俯仰观察范围
τ	脉冲宽度
τ_0	脉压后信号的脉冲宽度
Δf	线性调频信号的频率变化范围
Δf_d	多普勒频率分辨率
ΔR	距离分辨率
Δt_p	穿屏时间
ΔV	目标径向速度分辨率
$\Delta \phi_{0.5}$	天线波束方位宽度
$\Delta \theta_{0.5}$	天线波束俯仰宽度
$\Delta \Omega$	波束宽度的立体角
Ω	搜索空域的立体角

附录F 缩略语

3DELRR	Three-Dimensional Expeditionary Long-Range Radar，三坐标远征远程雷达
ADS-B	Automatic Dependent Surveilance-Broadcast，广播式自动相关监视
AMDR	Air and Missile Defense Radar，防空反导雷达
ATR	Automatic Target Recognition，自动目标识别
BMD	Ballistic Missile Defense，弹道导弹防御
BMEWS	Ballistic Missile Early Warning System，弹道导弹预警系统
C³I	Command，Control，Communications，and Intelligence，指挥、控制、通信和情报系统
CA-CFAR	Cell Averaging-Constant False Alarm Rate，单元平均 CFAR
CFAR	Constant False Alarm Rate，恒虚警率处理
DBF	Digital Beam Forming，数字波束形成
DDS	Direct Digital Frequency Synthesizer，直接数字频率合成
DSP	Defense Support Program，国防支援计划
EC	Earth-Centered，地心坐标系
ECI	Earth-Central Inertial，地心惯性坐标系
EIF	ECCM Improvement Factor，抗干扰改善因子
EKF	Expanded Kalman Filter，扩展卡尔曼滤波
FFT	Fast Fourier Transformation，快速傅里叶变换
GaN	氮化镓
GEO	Geosynchronous Earth Orbit，Geostationary Orbit，地球同步轨道
GPS	Global Position System，全球定位系统
GMD	Ground-based Midcourse Defense System，陆基中段防御系统
GOCA-CFAR	Greatest of Cell Averaging CFAR，单元平均选大 CFAR
HEO	Highly Elliptical Orbit，大椭圆轨道
HPA	High Power Amplifier，高功率放大器
HRRP	High Resolution Range Profile，高分辨距离像
IMM	Interactive Multiple Models，交互多模型
ISAR	Inverse Synthetic Aperture Radar，逆合成孔径雷达

JPDA	Joint Probabilistic Data Association,联合概率数据关联算法
LEO	Low Earth Orbit,低地球轨道
LFM	Linear Frequency Modulated,线性调频
LPI	Low Probability of Intercept,低截获概率
LRDR	Long Range Discrimination Radar,远程识别雷达
MDA	Missile Defense Agency,导弹防御局
MHT	Multiple Hypotheses Tracking,多假设跟踪方法
MMIC	Microwave Monolithic Integrated Circuit,微波集成电路
MTD	Moving Target Detection,动目标检测
MTI	Moving Target Indicator,动目标显示
NMD	National Missile Defense System,国家导弹防御系统
PDA	Probabilistic Data Association,概率数据关联算法
Radar	Radio Detection and Ranging,雷达
RCS	Radar Cross Section,雷达截面积
PD	Pulsed Doppler,脉冲多普勒
PF	Particle Filter,粒子滤波
PRI	Pulse Repetition Interval,脉冲重复周期
SBIRS	Space-based Infrared System,天基红外系统
SBX	Sea-Based X-Band Radar,海基 X 波段雷达
SCR	Signal-to-Clutter Ratio,信杂比
SIRP	Spherically Invariant Random Process,球不变随机过程
SNR	Signal-to-Noise Ratio,信噪比
SOCA-CFAR	Smallest of Cell Averaging CFAR,单元平均选小 CFAR
STK	Satellite/System Tool Kit,卫星/系统工具包
STSS	Space Tracking and Surveillance System,空间跟踪与监视系统
TAS	Track-And-Search,搜索加跟踪
TBD	Track Before Detect,检测前跟踪
THAAD	Terminal High-Altitude Area Defense,末段高空区域防御
TOM	Target Object Map,目标物体图,目标特征矢量图
TR	Transmitting Receiving module,收发组件
TWS	Track-While-Scan,边扫描边跟踪
UEWR	Upgraded Early Warning Radar,改进型预警雷达

参考文献

[1] 中国电子科技集团公司发展战略研究中心.世界军事电子年度发展报告(2017)[M].北京:电子工业出版社,2018.

[2] 中国电子科技集团公司发展战略研究中心.世界军事电子年度发展报告(2019)[M].北京:电子工业出版社,2020.

[3] 孙江.战后美国战略预警体系发展研究[M].北京:时事出版社,2018.

[4] 刘兴,梁维泰,赵敏.一体化空天防御系统[M].北京:国防工业出版社,2011.

[5] 汪民乐,李勇.弹道导弹突防效能分析[M].北京:国防工业出版社,2010.

[6] 李乔扬,陈桂明,许令亮.弹道导弹突防技术现状及智能化发展趋势[J].飞航导弹,2020,(7):56-61.

[7] 吴正容,白广周.美国弹道导弹预警探测识别技术发展分析[D].飞行器测控学报,2016,35(6):415-421.

[8] 范文泉.基于盲源分离算法的抗主瓣干扰技术深化研究[D].北京:中国电子科技集团公司电子科学研究院,2019.

[9] 周万幸.空间导弹目标的捕获和处理[M].北京:电子工业出版社,2013.

[10] 何友,修建娟,刘瑜,等.雷达数据处理及应用[M].4版.北京:电子工业出版社,2022.

[11] 胡卫东,杜小勇,张乐蜂.雷达目标识别理论[M].北京:国防工业出版社,2017.

[12] 周万幸.弹道导弹雷达目标识别技术[M].北京:电子工业出版社,2011.

[13] Merrill I.Skolnik.雷达手册[M].3版.南京电子技术研究所,译.北京:电子工业出版社,2010.

[14] 朱和平,沈齐,周苑,等.现代预警探测与监视系统[M].北京:电子工业出版社,2008.

[15] 张光义.相控阵雷达系统[M].北京:国防工业出版社,1994.

[16] 张光义.相控阵雷达原理[M].北京:电子工业出版社,2009.

[17] 葛建军,张春城. 数字阵列雷达[M]. 北京:国防工业出版社,2017.

[18] 吴曼青,靳学明,谭剑美. 相控阵雷达数字 T/R 组件研究[J]. 现代雷达,2001,23(2):57-60.

[19] 田瑞琦. 泛探雷达微弱目标检测关键技术研究[D]. 长沙:国防科技大学,2018.

[20] Joseph R. Guerci. 认知雷达——知识辅助的全自适应方法[M]. 吴顺军,戴奉周,刘宏伟,译. 北京:国防工业出版社,2013.

[21] 左群生,王彤. 认知雷达导论[M]. 北京:国防工业出版社,2017.

[22] 韩清华,潘明海,龙伟军. 基于机会约束规划的机会阵雷达功率资源管理算法[J]. 系统工程与电子技术,2017,39(3):506-513.

[23] 吴剑旗. 先进米波雷达[M]. 北京:国防工业出版社,2015.

[24] G. Richard Curry. 雷达基础知识——雷达设计与性能分析手册[M]. 杨勇,肖顺平,等译. 北京:科学出版社,2018.

[25] 胡卫东,郁文贤,卢建斌,等. 相控阵雷达资源管理的方法与理论[M]. 北京:国防工业出版社,2010.

[26] David K. Barton. 现代雷达的雷达方程[M]. 俞静一,张宏伟,金雪,等译. 北京:电子工业出版社,2016.

[27] 许小剑,李晓飞,刁桂杰. 时变海面雷达目标散射现象学模型[M]. 北京:国防工业出版社,2013.

[28] Keith Ward,Robert Tough,Sim on Watts. 海杂波:散射、K 分布和雷达性能[M]. 2 版. 鉴福生,李洁,陈图强,等译. 北京:电子工业出版社,2016.

[29] 王首勇,万洋,刘俊凯,等. 现代雷达目标检测理论与方法[M]. 北京:科学出版社,2014.

[30] Simon Haykin. 自适应滤波器原理[M]. 5 版. 郑宝玉,等译. 北京:电子工业出版社,2016.

[31] Rangaswamy M. High-level adaptive signal processing architecture with applications to radar non-Gaussian clutter[R]. Spherically invariant random processes for radar clutter modeling, simulation, and distribution identification. RL-TR-95-164,1995,3.

[32] 陈静. 雷达箔条干扰原理[M]. 北京:国防工业出版社,2007.

[33] 李明,黄银河. 战略预警雷达信号处理新技术[M]. 北京:国防工业出版社,2017.

[34] 马林. 空间目标探测雷达技术[M]. 北京:电子工业出版社,2013.

[35] Mark A. Richard. 雷达信号处理基础[M]. 2 版. 邢孟道,王彤,李真芳,等译. 北京:电子工业出版社,2017.

[36] 陈伯孝,等. 现代雷达系统分析与设计[M]. 西安:西安电子科技大学出版社,2012.

[37] Bassem R. Mahafza. 雷达系统分析与设计(MATLAB 版)[M]. 3 版. 周万幸,胡明春,吴鸣亚,等译. 北京:电子工业出版社,2016.

[38] 张群,陈怡君,罗迎. 空天目标雷达认知成像技术[M]. 北京:科学出版社,2020.

［39］ 位寅生,徐朝阳.非连续谱雷达信号设计综述［J］.雷达学报,2022,11(2):183-197.

［40］ 黄培康,殷红成,许小剑.雷达目标特性［M］.北京:电子工业出版社,2005.

［41］ 周剑雄,鲍庆龙,吴文振,等.雷达目标多维特性分析与应用［J］.电波科学学报,
2020,35(4):551-562.

［42］ 孙华飞,张真宁,彭林玉.信息几何导引［M］.北京:科学出版社,2016.

［43］ 黎湘,程永强,王宏强,等.雷达信号处理的信息几何方法［M］.北京:科学出版
社,2016.

［44］ Lenglet Christophe, Rousson Mikaël, Deriche Rachid, et al. Statistics on the
Manifold of Multivariate Normal Distributions：Theory and Application to Diffu-
sion Tensor MRI Processing［D/OL］//Journal of Mathematical Imaging and Vi-
sion 2006,25:423-444. Springer,2006［2022 – 03 – 07］.

［45］ Barbaresco F. Innovative tools for radar signal processing based on cartan's geom-
etry of SPD matrices & information geometry［C］//2008 IEEE Radar Conference,
RADAR 2008.

［46］ 郭崇贤.相控阵雷达接收机技术［M］.北京:国防工业出版社,2009.

［47］ 何友,关键,彭应宁,等.雷达自动检测与恒虚警处理［M］.北京:清华大学出版
社,1999.

［48］ 李益民.弹道测量雷达及在兵器试验中的应用［M］.北京:国防工业出版社,2010.

［49］ 张锡祥,肖开奇,顾杰.新体制雷达对抗论［M］.北京:北京理工大学出版社,2020.

［50］ 王满玉,程柏林.雷达抗干扰技术［M］.北京:国防工业出版社,2016.

［51］ Phillip E. Pace.低截获概率雷达的检测与分类［M］.2 版.陈祝明,江朝抒,段锐,
译.北京:国防工业出版社,2012.

［52］ 李荣锋,王永良,万山虎.主瓣干扰下自适应方向图保形方法的研究［J］.现代雷达,
2002,24(3):50-53.

［53］ 王建明,伍光新,周伟光.盲源分离在雷达抗主瓣干扰中的应用研究［J］.现代雷达,
2010,32(10):46-49.

［54］ 张建中,文树梁,谭澄,等.盲源分离联合阻塞矩阵抗雷达主瓣干扰研究［J］.现代防
御技术,2018,46(1):135-140.

［55］ 方文,全英汇,沙明辉,等.捷变频联合波形熵的密集假目标干扰抑制算法［J］.系统
工程与电子技术,2021,43(6):1506-1514.

［56］ 郝明,郭汝江.基于波形熵的异步窄脉冲干扰抑制［J］.信息化研究,2009,35(5):42-
44.［57］张迪.复杂条件下雷达点迹处理方法研究［D］.西安:西安电子科技大
学,2020.

［58］ 史建涛,杨予昊,孙俊,等.基于杂波特征评估的雷达目标点迹过滤方法［J］.太赫兹
科学与电子信息学报,2019,17(6):988-993.

［59］ 王怀军,薛银地,郭建明.预警机雷达情报质量评估指标研究［J］.雷达科学与技术,
2013,11(6):569-573.

［60］蔡庆宇,张伯彦,曲洪权.相控阵雷达数据处理教程［M］.北京:电子工业出版社,2011.

［61］徐振来.相控阵雷达数据处理［M］.北京:国防工业出版社,2009.

［62］丁鹭飞,耿富录,陈建春.雷达原理［M］.5版.北京:电子工业出版社,2014.

［63］Steven M. Kay.统计信号处理基础——估计与检测理论［M］.罗鹏飞,张文明,刘忠,等译.北京:电子工业出版社,2014.

［64］何友,修建娟,张晶炜,等.雷达数据处理及应用［M］.北京:电子工业出版社,2006.

［65］Maskell S,Briers M,Wright R,et al. Tracking using a radar and a problem specific proposal distribution in a particle filter［J］. IEE Proc. -Radar Sonar Navig. 2005,152(5):315-322.

［66］Arulampalam M S,Maskell S,Gordon N,et al. A tutorial on particle filters for on-line non-linear/non-Gaussian Bayesian tracking［J］. IEEE Trans. Signal Process. 2002,50(2):174-188.

［67］Kolawole M O. Radar Systems,Peak Detection and Tracking［M］. Newnes,2002.

［68］Mahler R. Detecting,tracking,and classifying group targets:a unified approach［J］. Proceedings of SPIE. 2001,4380:217-228.

［69］张毅,肖龙旭,王顺宏.弹道导弹弹道学［M］.长沙:国防科技大学出版社,1999.

［70］Baugh R A.现代雷达的计算机控制［M］.王连成,译.航空航天工业部第二研究院,1992. [71]Peter Tait.雷达目标识别导论［M］.罗军,曾浩,李庶中,等译.北京:电子工业出版社,2013.

［72］Kahrilas P J.电扫描雷达系统设计手册［M］.北京:国防工业出版社,1975.

［73］Cochran D,Suvorova S,Howard S D,et al. Waveform Libraries,Measures of Effectiveness for Radar Scheduling［J］. IEEE Signal Processing Magazine,2009,(1):12-21.

［74］王雪松,肖顺平,冯德军,等.现代雷达电子战系统建模与仿真［M］.北京:电子工业出版社,2010.

［75］胡明春,王建明,孙俊,等.雷达目标识别原理与实验技术［M］.北京:国防工业出版社,2017.

［76］庄钊文,王雪松,黎湘,等.雷达目标识别［M］.北京:高等教育出版社,2015.

［77］王雪松.雷达极化技术研究现状与展望［J］.雷达学报,2016,5(2):119-131.

［78］王元.数学大辞典［M］.北京:科学出版社,2013.

［79］Haykin S,Deng C. Classification of Radar Clutter Using Neural Networks［J］. IEEE Trans. on Neural Networks. 1991,2(6):589.

［80］胡永宏.综合评价方法［M］.北京:科学出版社,2000.

［81］燕雪峰,张德平,黄晓冬,等.面向任务的体系效能评估［M］.北京:电子工业出版社,2020.